natürlich oekom!

Mit diesem Buch halten Sie ein echtes Stück Nachhaltigkeit in den Händen. Durch Ihren Kauf unterstützen Sie eine Produktion mit hohen ökologischen Ansprüchen:

- mineralölfreie Druckfarben
- Verzicht auf Plastikfolie
- Kompensation aller CO_2-Emissionen
- kurze Transportwege – in Deutschland gedruckt

Weitere Informationen unter www.natürlich-oekom.de und #natürlichoekom

natürlich oekom · nachhaltig seit 1989

Bibliografische Information der Deutschen Nationalbibliothek:
Die Deutsche Nationalbibliothek verzeichnet diese Publikation
in der Deutschen Nationalbibliografie; detaillierte bibliografische
Daten sind im Internet über www.dnb.de abrufbar.

oekom – Gesellschaft für ökologische Kommunikation mbH
Waltherstraße 29, 80337 München

Layout und Satz: Reihs Satzstudio, Lohmar
Lektorat, Korrektur: Heiko Martens, Michael Bergius
Umschlaggestaltung: Sarah Schneider, oekom verlag
Umschlagfotos: Susanne und Daniel Bergius (Cover), Ursula Kosser (Backcover)
Druck: Elanders GmbH, Waiblingen

ISBN 978-3-98726-014-8

FSC MIX Papier FSC® C016368

Ursula Kosser
Susanne Bergius

Die Wunderwelt der Pfützen

Eine Hommage an das kleinste Gewässer der Erde

Inhalt

Für die Zukunft von

Katarina
Henning und Hélène
Daniel, Hannah und Nael

Am Anfang lachte die Pfütze

Wasser kann Informationen speichern

MASURO EMOTO,
japanischer Parawissenschaftler

UK Am Anfang kringelte sich nur die Pfütze. Vor Lachen, vermutete ich. Was meine Laune nicht verbesserte. Der Beginn unserer wundersamen Freundschaft war jedenfalls problematisch. Zumindest aus meiner Sicht. Da war ich wieder einmal meinem Hund bei regennassem Gassigehen hinterhergestolpert. Warum muss der auch immer so an der Leine ziehen? Und patsch, zog er mich hinein in die Matschpfütze. Ekelhaft! Die Socken nass, und dann dieses quatschende Geräusch bei jedem Schritt, wenn ich in meine Schuhpfützen trat. Zornig stapfte ich weiter. Doch dann half die Erinnerung, meine Laune aufzuhellen. War das nicht wunderbar, früher, als Kind? So plitschplatsch rein in diese kleinen Gewässer, die uns Schlaglöcher und Regen auf unseren Wegen schenkten?

Bei diesem Gedanken erneuerten die Pfütze und ich unsere alte Freundschaft. Schnell kam ich mit ihr in ein beinahe philosophisch anmutendes Gespräch. Mich lenkte es von der stetig wachsenden Kälte

Pfütze f. »kleine Wasseransammlung, Lache«. Das im Germ. nur dem Got. fehlende Substantiv ahd. *phuzzi* m., *phuzza* f., (aostnfrk.) *putte* m. »Pfütze, Lache, Wassergrube, Brunnen« (alle 9. Jh.), mhd. *phütze* f., mnd. *putte* m. f., nd. Pütte »Pfütze, Lache, Tümpel«, mnl. *put, pit, pet* m., *putte, pitte* m. f., nl. *put* m. »Brunnen, Grube«, aengl. *pytt* m. »Grube, Pfütze, Brunnen«, engl. *pit* »Grube, Loch, Vertiefung«, anord. *pyttr* m. »Pfütze, Lache« ist nach Frings/M. Germania Romana 2 (1968). *ETYMOLOGISCHES WÖRTERBUCH (WOLFGANG PFEIFER)*

in den Füßen ab und die Pfütze sicher von ihrer Sorge, unberechtigt unbedeutender zu werden. Die Existenz der Pfütze, dem Urbiotop all unseres Seins, ist bedroht. Mit ihrem sogenannten Fortschritt und ihrer den Erdball verschlingenden Zivilisation fügt die Menschheit dem Artensterben der Tiere und Pflanzen ein nicht beachtetes Pfützensterben hinzu. Es wird gepflastert und geteert, drainiert und kanalisiert, auf dass keine Pfütze den Weg des Menschen störe. Wo sich die kleinen Wasserstellen noch behaupten, da verkommen sie zum Dreckloch, zur Benzin- und Giftsammelstelle. Ihr wurden und werden die Auen genommen, in denen sie für Fauna und Flora lebhafte und lebbare Heimat sind, seit Anbeginn des Lebens auf der Erde. In ihr tummelten sich schon Urtierchen, als die Landmassen sich aus den Ozeanen hoben. Daran hat sich bis heute nichts geändert.

Damit das so bleibt, wie es seit Hunderten Millionen von Jahren gut ist, will ich ihr, dem Urwässerchen unseren Seins, ein Buch widmen und meine

Foto: Robin Kornemann

Freundschaft mit ihr erneuern und vertiefen. Ich fing ich an, sie zu beobachten und zu fotografieren. Aber mein Radius beim Gassigehen hält sich in Grenzen, obwohl mein Hund da anderer Meinung ist.

Also habe ich mich auf der Suche nach globalen Pfützengeschichten nach Hilfe umgesehen. Und wo ist diese in unseren modernen Zeiten zu finden? Im Internet, in den Social Media. Ich formulierte mein Anliegen und wollte es raus in den »Schwarm« schicken. Doch dann zögerte ich, auf den Button »Senden« zu drücken. Mich überkam eine diffuse Angst vor den unvermeidlichen Nebeneffekten. Ich sah sie schon vor mir, die Kommentare der Alles-Beschimpfer, die selbst bei einem so harmlosen Thema wie einer Pfützenrecherche ihre Dreckschleudern in Stellung bringen. Auf ein »Alte Bitch, ersauf in deiner eigenen Pfütze.« hatte ich dann doch keine Lust.

Folglich hielt ich meine mittlerweile wieder trockenen Füße still und beschränkte mich darauf, meine Freund:innen nach ihrem Verhältnis zur Pfütze im Allgemeinen und Besonderen zu fragen. Natürlich sind auch Freund:innen gern kreativ. Sie bedachten mich gleich mit mehreren Spitznamen.

Eine Auswahl der besten Ideen: »Ursula Platsch« steht im Ranking gleichauf mit »Frau Dr. Pfütz« und abgeschlagen, aber wegen so richtig schlechten Geschmacks akzeptabel, »mein Pfützenschätzchen«. Ähnlich breit gefächert war die inhaltliche Auseinandersetzung mit meinem Thema. »Also ich gehe da, wie meine Katzen, in weitem Bogen drumherum«, erfuhr ich. »Was machst du denn jetzt schon wieder für einen Blödsinn? Dreckiges Wasser als Buchthema, ich bitte dich!«, bekam ich zu hören. Und auch den kürzesten Buchtext erhielt ich: »Was kann man denn darüber schreiben? Pfütze ist Pfütze und bleibt Pfütze.«

Dem folgten romantisierende Erinnerungen an zauberhafte Kussgeschichten, die irgendwie immer etwas mit Pfützen zu tun hatten. Die etwas Älteren summten »I'm Singing in the Rain« und wagten vorsichtig alterprobte und lange vergessene Tanzschritte.

Dann meldeten sich amüsiert bis genervt Mütter und Großmütter (man verzeihe, dass hier zögerlich gegendert wird, in diesem Fall waren tatsächlich keine Väter oder Großväter darunter) und erzählten von feuchtfröhlichen Erlebnissen, wenn die süßen Kleinen eben grad nicht die Matschhose und die Gummistiefel anhatten. Bei jedem – sagen wir fast jedem – kamen Erinnerungen an die Kindheit hoch. Jede:r – fast jede:r – hat da seine Geschichte. Wer kennt sie nicht, diese herrliche Schlammpfütze, in der man kleine Hügel auftürmte und drum herum Piratenschiffe kreisen ließ; in die man hineinsprang, drübersprang. Hach, ja! Ich glaube, wer dieses Buch jetzt in der Hand hält, erinnert sich mit einem Lächeln an solche frühen Erlebnisse.

Und es meldete sich Susanne, neugierig, fachkundig, voller Interesse für mein im wahrsten Sinne des Wortes abwegiges Thema.

SB Es begann am 11. Februar 2021. Ursula fragte mich, was ich von einem Pfützenprojekt hielte und ob ich ein paar Bilder beisteuern könne. Kurz war ich verblüfft, dann begeistert. Spontan fielen mir Geschichten und Naturphänomene zu Pfützen ein, die ich ihr gleich erzählte. Mit meiner Kamera zog ich los.

Je häufiger ich Pfützen und Spiegelungen fotografierte, umso mehr wurden mir deren vielfältige Facetten klar. Ich entdeckte Details, von denen mir vorher nicht einmal bewusst gewesen war, dass es sie gibt. Und begriff, dass es

nicht reicht, nur die Pfütze aufzunehmen, sondern wie bedeutend Perspektive und Licht sind, um sie sichtbar und spannend zu machen. Um sie ihre Geschichte erzählen zu lassen. Ich bewegte mich um die Wasserstellen herum, schaute nach der Sonne, ging in die Knie oder Hocke, näher dran, weiter weg, kippte das Objektiv, um alles draufzubekommen, was den Reiz ebendieser Wasserstelle ausmacht. Jede Blickrichtung brachte anderes zutage.

UK Susanne und ich kennen uns seit mehr als 25 Jahren, hauptsächlich als Mütter. Aber auch als Journalistinnen. Und wir könnten da kaum unterschiedlicher sein. Eine diplomierte Geographin und Nachhaltigkeitsredakteurin, die mit ihrer ganzen Energie Wirtschaft und Finanzakteure informiert, damit sie sich endlich engagieren, ihre negativen Effekte zu beenden und eine lebenswerte Erde für uns Menschen zu bewahren und zu verbessern, trifft auf eine politische Schreiberin, die versucht, den Alltag unter europäischen Dächern zu ergründen. Was lag näher, als ihr einen Dialog über das kleine Gewässer vorzuschlagen. Wie erwartet, pfützte sie sofort los und bombardierte mich mit tausend Fragen.

SB Was meinst du genau? Die Pfützen und ihr Innenleben oder ihre Lichtbrechung oder ihre Gestalt oder ihr Beitrag zum Überleben? Und überhaupt: Worüber reden wir genau? Pfütze? Wasserloch? Regenpfütze? Meerespfütze? Tümpel? Kleines Gewässer?

UK So rückte die kleine Wasserlache vorübergehend, so wie es ihre Natur ist, in den Mittelpunkt unseres Lebens und Denkens. Was durchaus nerven konnte. Susannes angetrauter Ehemann schickte mir plötzlich hartnäckig Fotos vom Meer. Er wollte bildlich und dauerhaft festhalten, dass es auch noch andere Wasseransammlungen auf unserer schönen Erde gibt als die kleinen, sich selbst auflösenden Binnenseechen, die seine Susanne neuerdings auf Schritt und Tritt suchte: Kopf gesenkt, Kamera gezückt, besonders bei Starkregen.

SB Je mehr ich mich ins Thema hineindachte, desto mehr geisterten Ideen und Wasserstellen in meinem Hirn herum und bestimmten meine Freizeit.

UK Meine Umgebung fing an zu rufen »Achtung, Pfütze« und wollte mich damit nicht etwa vor nassen Füßen bewahren, sondern mich auf jede noch so kleine Wasserlache auf dem Boden aufmerksam machen. Alle kleinen und großen Themen des Lebens landeten in der Pfütze. Meine eher freundschaftlich philosophische oder auch schon mal kritische Begegnung mit der Pfütze unterbrach Susanne ab und an und rückte diese in wissenschaftliches Licht. Der Dialog zwischen der Nachhaltigkeitsexpertin und der eher boulevardesken, in jeder Pfütze nach einer Sensation suchenden Journalistin begann.

SB Besonders lustig war, als ich beim Vorbeiradeln in einer Pfütze den Spruch sah, der genau auf Ursulas Projekt passte – und gleich wieder umkehrte, um den Anblick für sie zu fotografieren: »Schreib! Dein! Buch!«

UK Auf diesen häufig sehr nassen Weg wollen wir die geneigten Leserinnen und Leser mitnehmen. Unsere Pfützenerlebnisse, Eindrücke, Recherchen und Gefühle waren häufig ähnlich, manchmal völlig unterschiedlich. Ein spannender Austausch übers kleine Gewässer hinweg entstand.

Der mir angetraute Ehemann brachte es so auf den Punkt: »Was ihr da macht, ist echt pfützig!«

Und da das Adjektiv »pfützig«, das es im Frühneuhochdeutschen schon einmal gab und das um 1500 ausgestorben ist, nach Veröffentlichung dieses Buches wieder Eingang in die deutsche Sprache finden wird, hat er vorsichtshalber den dann fälligen Duden-Eintrag der neuen Bedeutung gleich mitgeliefert. »Pfützig: eine als nützlich erachtete Sache mit Spaß und Eifer vorantreiben«. Also dann mal los!

Pfützenverkehr

Meide ihre Mulden!
Tritt nicht in Lachen.
Wenn sie dich dreckig machen,
Ist's dein Verschulden.

Pfützen sind Schicksal für manches Getier,
Sind aber für Kinder Seligkeiten.
Häufig werden sich zwei oder vier
Menschen um Pfützen streiten.

JOACHIM RINGELNATZ

UK In einem sind wir uns einig: Von oben betrachtet ist eine Pfütze Wasser. Von unten betrachtet Pfütze, ein Wasserspiel mit Wasserspiegel von kurzer Dauer. Das ist es auch schon!

Wie stets, wenn ein Thema aufgetan wird, dessen Betrachtung einem neu, erforschens- oder nachlesenswert erscheint, wird man überrascht, wie viele Expert:innen sich damit schon vorher beschäftigt haben. Das gilt auch für unsere Pfütze. Ich entdeckte leicht verblüfft: Die Pfütze ist ein Kulturgut, und zwar weltweit. In *Studpedia* wird sie folgendermaßen beschrieben: »Eine Pfütze (altgriech.: ›pfhytsus cominicus estra lacum‹; zu deutsch: ›Es lebe das Wasser‹) ist Symbol der Freude und der ewig währenden Kindheit im Individuum jedes einzelnen. Sie besteht hauptsächlich aus reinem Regenwasser, welches gewöhnlicherweise vom Himmel fällt, sowie aus Erde, Schmutzpartikeln, ekelerregenden Bakterien und einem Loch in der Erde.«

Fangen wir da an, wo die Pfütze zunächst anzusiedeln ist, in der Natur. Eine Pfütze ist eine Ansammlung von Flüssigkeit – meist Wasser – an der Erdoberfläche, die sich nach Niederschlag bildet und nach kurzer Dauer versickert oder verdunstet. Eine Pfütze kann auf zwei Arten entstehen, natürlich oder künstlich. Entweder die Bodenvertiefung, in der sich die Flüssigkeit sammelt, ist schon vorhanden, oder man buddelt das Loch selber. Wenn

sie erst einmal da sind, gleicht allerdings keine Pfütze der anderen. Wie wir Menschen ist jede Pfütze einzigartig, nur einmal auf der Welt.

Pfützen bilden die kleinste Form der Stillgewässer. Die Pfütze ist nicht europäisch, afrikanisch oder russisch. Sie ist global und immer vergänglich. Auf unserer Erde wässert die Pfütze nicht nur Wald und Wiese, sondern ist für das Überleben einer ganz bestimmten Fauna und Flora notwendig. Bei ordentlichem Schietwetter kann die Pfütze über Wochen existieren. Dann ziehen auch für das menschliche Auge sichtbare Tiere ein. Amphibien wohnen und laichen in ihr. An den Polen der Erde erscheint sie als gleißendes Auge – wenn die Sonne sie schräg ausleuchtet. In der Wüste ist sie der Segen für alles Leben. Susanne wollte es genauer wissen:

SB Was ist mit großen Wasserlachen auf Wegen und Straßen? Was ist mit kleinen Tümpeln, zum Treffpunkt von Insekten und Larven jedweder Art? Was mit Wasserstellen, um die sich große Tiere drängeln? Die sich zu Regenzeiten auffüllen und in Trockenzeiten ganz oder fast austrocknen. Sind das dann auch Pfützen? Auf meine Fragen gab's klare Antworten.

UK Die Wissenschaft ist sich in der Definition einig. Die Pfütze ist ein »temporäres Gewässer«. Ein Wasserloch gehört im weitesten Sinne noch dazu. Diese Wasserlöcher halten viele Menschen für absolut überflüssig. Sie verwandeln Autos in Schlammschleudern, lassen die Räder von Traktoren im Matsch durchdrehen, machen aus Wegen Morast und verschaffen in der Stadt den Fußgängern dreckige Schuhe und nasse Füße. Wer will das schon?! Der Mensch unternimmt deshalb alles Mögliche, um sie in seinem Lebensumfeld loszuwerden: Auf Verkehrswegen werden sie weggepflastert oder asphaltiert, auf Rasenflächen und Viehweiden werden Senken oder Erhebungen planiert und Straßen mit gewölbter Neigung angelegt, damit das Wasser abfließen kann. Flüsse werden eingezwängt und ihrer Überschwemmungsgebiete beraubt.

Und wenn der Mensch sie schon nicht ganz los wird, die Klimaveränderung tut ihr Übriges. Das erlebten Susanne und ich während unserer Recherche ständig. Wir hatten unter anderem geplant, Jahreszeitenpfützen zu fotografieren. Gemeinsam mit allen, die sich auf Pfützensuche gemacht hatten, rangen wir mit einer unerwarteten Schwierigkeit. Ob aus New York, Brasilien, Grönland, Sardinien oder Österreich, Berlin, München oder Bonn, überall hieß es: »Hier regnet es nicht.« »Es gibt nur so Minischauer.« »Die Pfützen sind sofort wieder weg.«

Doch bevor wir Bedrohung und Aussterben der Pfütze näher betrachten, stellen wir einige grundsätzliche Fragen: Wieso bilden sie sich? Und wofür brauchen wir sie denn, bitte schön, diese Pfützen?

Susanne suchte Antworten.

Warum gibt es überhaupt Pfützen?

Pfützen füllen sich von außen, Brunnen von innen

PAUL MOMMERTZ

SB Vielfältige naturgegebene Gründe bewirken, dass sich an stets denselben Stellen Wasser sammelt und mehr oder weniger lange dort bleibt: harte Untergründe wie Felsen oder weiche Untergründe, etwa Lehm, oder gar durchlässige Sande, sofern das Gelände unterhalb des Niveaus von Flüssen oder Seen liegt. Glaziale Überformungen und Moränenbildungen spielen ebenso eine Rolle wie mäandernde Flüsse, Regenzeiten und Wogen. An Felsenküsten von Meeren und Ozeanen sorgt die Ebbe dafür, dass stellenweise für einige Stunden Pfützen entstehen, die die nächste Flut wieder verschluckt.

In Brandenburg und Mecklenburg-Vorpommern beispielsweise ist das Relief stark von einstigen Gletschern und deren Hinterlassenschaften geprägt.

In den Senken zwischen sandigen Moränenhügeln finden sich zahlreiche kleine Tümpel: Sie können sich bilden und lange verbleiben, weil sich darunter eiszeitlich bedingt lehmiges, undurchlässiges Material gesammelt hat. In heißen Sommern trocknen viele kleine Wasserstellen aus, sichtbar ist dann nur der grüne Bewuchs in einer ausgeräumten Agrarlandschaft. Vertiefungen bei naturbelassenen Flussverläufen sind gute Pfützenorte. So liegt das Gelände entlang der Oder oft beiderseits unterhalb des Flussniveaus, sodass sich Pfützen rasch bilden können und infolge von Überschwemmungen oder Starkregen länger bleiben. Mäandernde Flüsse führen zu einer sich stetig ändernden Auenlandschaft mit Altarmen und reich an verschiedenartigen Wasserstellen.

Foto: Annette Röhrig

Aber auch im Gebirge bilden sich Pfützen vor attraktivem Panorama. Kleinstpfützen dagegen finden sich in Basaltsteinen, aus denen Buhnen und Inselbefestigungen bestehen, etwa unterhalb des Siebengebirges für die Insel Grafenwerth im Rhein. Oft schimmert Wasser inmitten scheinbar ebener Felder.

Hier verdichtete vielfach schweres landwirtschaftliches Gerät über Jahrzehnte die Böden. Bodenverdichtung – das schaffen auch kleine Füße.

Überhaupt sind die durch menschliche Einwirkung entstehenden Wasserstellen zahlreich. Insbesondere gilt das für Versiegelungen. Der Mensch ist ein »perfekter« Pfützenmacher. Nicht nur mit all den Aktivitäten, die unsere Umwelt formen, sondern auch mit wasserundurchlässigen Materialien, die er so erfindet. Das reicht – wie wir in unserem Buch erzählen – von A wie Asphaltdecken über S wie Schwerlastverkehr bis hin zu Z wie Zinkbleche. Und all diese häufig verachteten Minigewässer haben lebenswichtige ökologische Funktionen. Sie dienen den Tieren als Tränken, Reinigungsstellen, Nahrungsquellen, Brutstätten und Lebensraum. Dem Menschen nutzen sie unter anderem zur Trinkwasserversorgung, zum Klimaschutz und zur Abkühlung. Vertiefungen entlang von Straßen und Flüssen haben sich in den vergangenen Jahren auch als wirksamer Hochwasserschutz erwiesen. Für Kinder sind es Spielplätze, in denen sie sich nach Herzenslust austoben können.

Und nicht zuletzt: Farbige Spiegelungen von Gebäuden, Dingen und Lebewesen verzaubern die kleinen Wasserstellen zur ästhetischen Stadtbereicherung.

Pfützen sind total konservativ

Er ist durch alle Pfützen gezogen

MITTELALTERLICHER SPRUCH FÜR »ER IST MIT ALLEN WASSERN GEWASCHEN«

UK Was auch immer vor Millionen von Jahren auf der Erde mit und in all ihren kleinen Wasserflecken geschah, es ist nicht vollständig entschlüsselt.

SB Klar ist, dass Pfützen unverdrossen an immer wieder denselben Orten auftauchen. So haben Gletscher selbst harte Felsen weichgeformt: Das unter dem Gletscher durch den hohen Druck schmelzende und ablaufende Wasser führte Geröll mit sich, sodass die Felsen förmlich abgeschliffen wurden. Andernorts gruben Gletscher kleine und große Furchen oder Senken. Diese

lebhafte Geomorphologie ist faszinierend. Dazu habe ich Fotos aus Skandinavien mitgebracht.

Dagegen sorgen bei felsigen Küsten hohe Wogen für Nachschub für höher gelegene Pfützen und grandiose Eindrücke. Auch am Rande von Flüssen in felsigen Landschaften entstehen Auswaschungen, die sich regelmäßig kurzzeitig mit Wasser füllen. Solche alten Damen trugen wohl mit zur Entstehung des Lebens auf der Erde bei, wie wir es heute kennen.

UK Eine These: Nicht im Meer, sondern in kleinen Pfützen und Tümpeln, besonders in vulkanischen Regionen, entstand das Leben auf der Erde. Wissenschaftler:innen fragen sich: Ist einst das Leben in der Pfütze entstanden? Das Leben in all seinen Facetten, wie wir es kennen? Tiere, Pflanzen, Pilze, Bakterien, Menschen – alles aus Matsch? Es gibt zahlreiche Theorien und spekulative Erklärungsversuche dazu, gestützt auf den Evolutionsforscher Charles Darwin. Aber bis heute ist die Frage nicht eindeutig beantwortet, wie aus anorganischen Molekülen der frühen Erde Leben entstehen konnte. Die jüngsten Theorien gehen davon aus, dass die Bausteine des Lebens von Meteoriten auf die Erde gebracht worden sind. Und wo sind sie zusammengesetzt worden? Genau, in unserer Pfütze.

Hier sei ein klassischer Versuch erwähnt. 1953 startete der Chemiestudent Stanley Miller ein faszinierendes Experiment: Er rührte eine Ursuppe zusammen. Sie enthielt alle Elemente, die vor Milliarden Jahren auf der Erde vorhanden waren, ein Gemisch aus Methan, Ammoniak und Wasser. Dann simulierte Miller Blitzeinschläge – und stellte so im Labor einfache organische Moleküle her. Unser Ursprung? Einig sind sich die Wissenschaftler über den Zeitpunkt, seit wann es Leben gibt: Irgendwann vor rund 3,8 Milliarden Jahren begann es. Die Ursuppe aus den salzig warmen Wellen der vulkanischen Regionen in der Tiefsee enthielt Energie, Nahrung und Lebensgrundlage für höhere Organismen.

Und da kommt unsere kleine Pfütze ins Spiel. Vor einigen Jahren hatten Physiker der Universität Osnabrück eine neue Idee für den Geburtsort des Lebens. Nicht der große weite Ozean, sondern Wasserstellen an Land seien der Anfang allen Lebens. Demzufolge sei das Leben durch Dämpfe entstanden, die aus den Tiefen der Erde aufgestiegen sind. Diese Dämpfe und Gase kühlten an der Oberfläche ab und bildeten temporäre Teiche und Tümpel. Darin sammelten sich Mineralien und die anderen Grundbausteine für Einzeller – das ist übrigens bis heute so.

Armen Mulkidjanian von der Universität Osnabrück präsentierte seine Theorie im Fachblatt *Proceedings of the National Academy of Sciences*. Da ist nachzulesen: Ein internationales Forscherteam rekonstruierte die für die Entstehung von Leben notwendigen Umweltbedingungen. Das entspräche dem »kleinen warmen Teich« von Charles Darwin. All diese urzeitlichen Systeme weisen Kalium, Zink, Mangan und Phosphate auf. Genau dies findet sich im Dampf und den Gewässern vulkanisch aktiver Gebiete. In der nahezu sauerstofflosen, CO_2-dominierten urzeitlichen Atmosphäre hat dieser Dampf in den Tümpeln vermutlich dem inneren Milieu von Zellen entsprochen.

Ob sie wirklich der Anfang allen Seins in sich birgt, wird ein famoser und endloser Expert:innenstreit bleiben. Wichtig ist: Wir brauchen die Pfütze! Und: Die Pfütze braucht uns!

Nix geht ohne sie

»Il pleut, il mouille, c'est la fête de la grenouille«
(Es regnet, es nässt, das ist dem Frosch sein Fest)

FRANZÖSISCHES SPRICHWORT

SB Selbst die kleinsten feuchten Stellen sind voller Köstlichkeiten für große und kleine Tiere – Insekten, Würmer, Schnecken, Wasserspinnen oder Ähnliches. Sei es für einen Storch, der auf Schritt und Tritt seinen roten Schnabel ins Feuchte steckt, ihn hochhebt und den Fang ruckartig in die Speiseröhre befördert. Sei es für Grau- oder Silberreiher, Entenarten, Graugänse oder Kiebitze. Pfützen ziehen auch Schmetterlinge an, gerade in der trockenen Jahreszeit, wenn es keinen Tau auf den Grashalmen mehr gibt. Sogar in Israels Negev-Wüste sind Pfützen heißt begehrt.

Auch am Meer lässt sich das Getümmel um feuchte Gabentische gut beobachten, wenn bei Ebbe oder stärkeren Wellen etwas Wasser im Sand hinter

Foto: Sophie von Kirchmann

Foto: Lutz Storm

kleinen Sandbänken stehen bleibt. Dann bedienen sich die Vögel zahlreich. Niedliche Sanderlinge trippeln mit ihren typischen, raschen Schrittchen durch die hinter der Wasserlinie der Ostsee liegenden flachen Pfützen, picken auf, was ihnen schmeckt. Die Strandläufer sind Schnepfenvögel, die an europäischen Küsten während ihres Durchzuges von oder zur Flechtentundra rasten, wo sie im Sommer brüten.

Bei Tümpeln und größeren Wasserstellen, die länger existieren, bevor sie trockenfallen, ist das Nahrungsangebot noch größer. Darum siedeln sich hier viele verschiedene Arten an.

UK Vor allem für Tiere, die hauptsächlich zu Anfang ihres Lebens eine Wasserkinderstube benötigen, wie Kröten, Frösche, Ringelnattern und Libellen, oder solche Tiere, deren kurze Lebensspanne eine mehrere Tage oder Wochen existierende Pfütze reicht.

Zudem brauchen Tiere die Pfütze auch zum Bauen. Regnet es zu wenig, fehlt natürlichen Bauunternehmern Material. Zum Bespiel den Schwalben. Sie verwenden feuchten Lehm aus Pfützen für ihren Nestbau. So ist ein Grund für den Rückgang der Rauchschwalbenpopulation das Verschwinden der Pfützen aus der Landschaft. Schlammpfützen sind die Kneipen für Erholung suchende Insekten. Dorthin zieht es besonders Schmetterlinge. Oft sieht man große Ansammlungen und Dutzende von farbenprächtigen Faltern an einem Pfützenort versammelt. Schmetterlinge mögen am liebsten Blumennektar. Superlecker und reich an Zucker, fehlen ihm aber einige wichtige Nährstoffe, die Schmetterlinge für die Fortpflanzung benötigen. Der Kurort Schlammpfütze ist voller Salze und Mineralien. Hauptsächlich Männchen kommen, um richtig fit zu werden. Aber auch die Schmetterlingsmädels mögen schlammiges Pfützenwasser. Seine Ingredienzen verbessern die Lebensfähigkeit ihrer Eier. Motten schauen auch gern mal vorbei. Sie erhalten nicht genug Natrium aus der Nahrung, sodass sie aktiv nach anderen Natriumquellen und Mineralien suchen.

SB Manche Pfütze ist uns erst aufgefallen, weil sich Vögel zum Trinken niederließen, etwa in einer abschüssigen Regenrinne: Dort landete eine Elster, die aber schon beim langsamen Griff zur Kamera auf und davon flog, sodass nur die Rinne übrig blieb.

Das Gänsekind ließ sich hingegen nicht aus der Ruhe bringen. Ob Regenwasser leckerer schmeckt als das Flusswasser? Solche Wasserlachen waren im Sommer 2022 allerdings rar. Gärten zu gießen, wurde regional sogar verboten. Nicht etwa, weil dann Pfützen die in jüngster Zeit zunehmend durch die Welt tingelnden und für Menschen gefährlichen Insekten anlocken, wie zum Bei-

spiel Tigermücken. Nein – es gab einfach zu wenig Wasser!

Doch woraus sollen Vögel, Insekten, Eichhörnchen und andere durstige Tiere trinken? Wo sollen sie sich ausgiebig spritzend baden? Selbst die kleinste Pfütze tat ihren nützlichen Dienst. Not und Durst machen mutig: Diese Ringeltaube wagte sich sogar in eine Zinkwanne, um darin hastig aus der versiegenden Pfütze zu trinken – eine Enge, die diese Vögel sonst meiden, weil sie keine Senkrechtstarter sind. Dieses Jahr kamen sie täglich, solange es die Pfütze gab. Schon nach wenigen Schlucken richteten sie sich skeptisch auf und hoben ihre schweren Körper mit kräftigen, lauten Flügelschlägen aus dieser unübersichtlichen Lage.

UK »Und die Pflanzen?«, fragte ich Susanne, als sie gerade begeistert kleine Pfützen in Blättern und Blütenkelchen fotografierte.

SB Ich hatte mir das noch nie so klar gemacht: Schon eine kleine Pfütze ist wichtig, ermöglicht sie doch dem Samen eines Baumes aufzugehen, sobald das Wasser halbwegs verschwunden ist, etwa Ahornschösslingen zwischen Bordstein und Straße in Berlin oder einem Robinienschössling in der Waldmaschinenspur im Grunewald. Dabei sprießt junges Grün nicht unbedingt im tiefsten Feuchtbereich, sondern am hochgewölbten Rand – wohl weil die Pflänzchen sonst zu nasse Füßchen bekämen, insbesondere bei lehmigem Untergrund, wo Wasser lange steht. Hingegen sammeln sich auf sandigem Untergrund bei Regen die wenigen organischen Substanzen in den Senken und ermöglichen gerade dort neues Leben.

Bei länger stehenden Wasserstellen bilden sich in oder am Rande kleiner Pfützen auf felsigem Küstengelände dichte grüne Matten aus Gräsern, Heide und anderen Pflanzen, etwa im schwedischen Bohuslän. Matten, die

nach und nach über die Felsen wuchern und das karge Gelände sanft gestalten. So bieten sich Verstecke und Brutmöglichkeiten.

Eine reichhaltige Pfützenwelt zeigt sich im Oderbruch, wo nach der Überflutung vom Frühjahr bis zum Sommer nasse Vertiefungen und Tümpel bleiben. Dort sprießen große Weiden oder Erlen, Gräser, Krautgewächse und Büsche, die anderen Lebewesen und auch größeren Tieren Nahrung, Unterkunft und Rückzugsraum bieten.

Was da alles los ist! Man sieht Hasen im Unterholz verschwinden, Rehe sich rasch vor Radfahrern verstecken, Milane mit Fang im Schnabel, Grünspechte und Kolkraben, brütende Singvögel, Schwärme von Kranichen, See- und Fischadler und, und, und ... Ich geriet immer mehr ins Schwärmen über dieses abwechslungsreiche Ökosystem – bis Ursula meinen Schreibfluss lächelnd ein wenig bremste.

Gemeinsam haben wir erfahren: Wo immer Pfützen und Tümpel sind – es lohnt sich, bei ihnen zu sitzen, zu lauschen und zu schauen.

Unsere Recherchen zeigen, wie überlebenswichtig Wasserstellen sind. Bei Renaturierungen werden sie darum manchmal gezielt angelegt, damit Fische nicht den Nachwuchs anderer Lebewesen fressen, wie am Bach Vièze in der französischen Schweiz bei Morgins (siehe Bild oben nächste Seite).

Auch für Zugvögel. Auf ihrem Weg aus nördlichen Gefilden in warme Regionen der Südhalbkugel müssen sie Energie für den Weiterflug schöpfen. Drum landen im kleinen Israel – Knotenpunkt von Vogelflugstrecken aus drei Kontinenten – übers Jahr 550 Vogelarten. Viele brauchen trockenes, warmes Land, in dem sie kräfteschonend Aufwinde nutzen können. Trotzdem benötigen sie Wasser. Im nördlichen Israel luden einst Feuchtgebiete ein. Doch inzwischen sind sie vor allem wegen landwirtschaftlicher Nutzung größten-

teils ausgetrocknet – nur Pfützen blieben übrig. Es bahnt sich ein Desaster für Hunderte Millionen von Zugvögeln an. Um den Wasserstellen und ihren Gästen eine Chance zu geben, treibt nun die Society for the Protection of Nature in Israel mit nachhaltigen Jungunternehmern Renaturierungen voran.

Pfützenparty

Liebe Eltern, sollte euer Kind um eine Pfütze herumgehen,
anstatt hineinzuhüpfen, dann habt NUR ihr was falsch gemacht

SPRICHWORT

UK Die uralte Dame hat also seit all den Jahren ihr Outfit nicht erneuert, sich außen und innen nicht verändert. Ihre herausragende Eigenschaft: Sie ist trotz ihres Alters schnell, denn sie lebt nicht allzu lange.

In Pfützen zu gucken heißt, die Welt zu erblicken. Perfekt erarbeitet haben dies junge Pfützenforscher:innen. Fast zwei Jahre lang haben zum Beispiel drei Schüler:innen der neunten Klasse des Werner-Heisenberg-Gymnasiums

Foto: Annette Röhrig

in Riesa das Leben einer Feldpfütze akribisch analysiert. Regelmäßig entnahmen sie im Jahr 2002 Wasserproben aus einer Pfütze an der Bahnstrecke Leipzig–Dresden. Die damals 15-jährige Elisabeth erklärte den Pfützenlaien: »Wir entdeckten in der Pfütze eine Vielfalt an Mikroorganismen. Eine besondere Eigenschaft der Einzeller ist, dass sie bei schlechten Lebensbedingungen durch Ausbildung von Schutzhüllen Dauerstadien bilden können. Dadurch können sie sich vor ungünstigen Temperaturen, Nahrungsmangel oder Austrocknung schützen.« Wie das geht, ist hochfunktional: Das Pfützenwasser wärmt sich zunächst in der Sonne auf und wirkt so wie ein Brutkasten auf alles, was dort einziehen will. Schon in wenigen Stunden wird jede Pfütze schnell und zügig von winzigen Einzellern bevölkert. Tröpfelregen ist nicht so beliebt. Regnet es aber kurz und kräftig, dann explodiert das Leben.

SB Nach wenigen Tagen tummelt sich in den Wassermulden kleines Getier, das ein wenig aussieht wie Kaulquappen beim Marathon – aber es sind Urkrebse. Hannes Petrischak, Leiter Naturschutz der Heinz-Sielmann-Stiftung, weist seit Jahren darauf hin, wie wichtig Pfützen als Lebensraum für Tiere sind. »Wenn die Pfützen gehen, haben wir ein Problem.« Er erforscht nicht nur das Leben der hartnäckigen Urtierchen. Diese chillen übrigens auch: »Wenn man die Krebse längere Zeit beobachtet, kann man verfolgen, wie sie gelegentlich in Rückenlage unter der Wasseroberfläche schwimmen.«

Sommerschildkrebse

Foto: Hannes Petrischak

UK Zur Party dazu kommen zunächst die winzig kleinen Bärtierchen, Rädertierchen, Pantoffeltierchen und Wimpertierchen. Ein Riesenevent. Gegessen werden Algen. Jeder nach seiner Fasson. Wimpertierchen haben dafür extra kleine Härchen. Mit ihnen strudeln sie sich die Algen zu. Bärtierchen dagegen besitzen eine Art Stachel. Damit stechen sie in die Haut einer Alge und saugen die Nährstoffe auf. Einige Tage später kommen Flohkrebse und Insektenlarven dazu. In tieferen Waldpfützen gedeihen insbesondere Lurche und Molche oder rasten auf ihren Wanderungen. Frösche lassen sich die Sause auch nicht entgehen. Pfützenforscherin Susanne wollte unbedingt mal zu einer solchen Pfützenparty. Die Gelegenheit bekam sie.

Foto: Jonathan O'Leary

SB Bei einer Frühsommerwanderung im Odenwald sahen meine Schwester und ich am Wegesrand in zwei Pfützen gefühlt Hunderte Molche und Kaulquappen. Sie lebten gemeinsam dort, wo im Frühjahr ein kleines Rinnsal den Weg entlangfließt und eine Kinderstube für mehrere Amphibien- und Reptilienarten ermöglicht. Der Biologe Petrischak bestätigte, was ich im Fachbuch meines Vaters las, von dem ich viel über Amphibien und Reptilien lernte. Er erkannte eindeutig Bergmolche mit der blaugrauen Oberseite sowie hellere Molche, wohl Fadenmolche, welche oft mit Bergmolchen zusammenleben. Mittendrin saß ein Frosch, und plötzlich schlängelte sich eine junge, ganz kleine Ringelnatter am Rand entlang, sichtlich ein Versteck suchend.

Auf einer Wanderung im Löschbachtal im Westerwald überraschte meinen Freund Claus und mich zwischen den Fahrspuren eine Doppelpfütze: Sie wirkte wie zwei Fußabdrücke eines Riesen – und sie war voller Leben! Ein winziges Biotop.

Zwei zehn Zentimeter lange, fadenähnliche Würmer schlängelten sich, als seien sie Fische im Bach. Mehrere ein Zentimeter lange rote Würmer bewegten sich mit raschen, ruckartigen Zuckungen fort und verschwanden

in Sandlöchern oder unter Blätterresten. Gegen das Sonnenlicht sahen wir Wasserläufer und kleine Fliegen, die über die leicht ölig schillernde Wasseroberfläche tänzelten. Der ölige Film war sichtlich aus der Zersetzung pflanzlicher Stoffe entstanden.

Beim Fotografieren aus der Nähe entdeckten wir überdies kleine Wasserkäfer, schwarze und graubraune, die kurze Strecken huschten, um sich dann flink im Sand oder der Erde zu verstecken. Und erst auf einem Foto erkannte ich eine Stelle voller Minihügelchen mit Wurmlöchern.

Panzer können Leben schaffen

When life gives you a rainy day, play in the puddles

SCHOTTISCHES SPRICHWORT

UK Spannende Völkchen sind Urzeitkrebse und Gelbbauchunken, denn sie lieben militärische Truppenübungsplätze. Warum? Hannes Petrischak erklärt: »Der Panzer ist ein Vehikel, um eine Art Dynamik in die Natur zu bringen. Wir haben – auch durch feste Wanderwege – viel natürliche Dynamik unterbunden. Wenn man Natur fördern will, kann man die natürliche Dynamik unterstützen.«

SB Will heißen: Um Lebensräume für spezialisierte Arten zu erhalten, müssen schwere Fahrzeuge die Senken regelmäßig durchfahren, damit sie nicht verlanden und bewachsen, denn die dortigen Pfützen sind der letzte Rückzugsraum dieser Tierchen, die vor Flussbegradigungen und Vernichtung von Auen durch Landwirtschaft und Gebäude hierhin flüchteten. Drum müssen die nassen Vertiefungen bleiben…

Foto: Hannes Petrischak

UK … ob es Wandersleuten wie Susanne nun gefällt oder nicht.

SB Im Jahr 2019 wanderte ich mit einer Kollegin bei strömenden Regen durch die Döberitzer Heide bei Berlin, ein Renaturierungsgebiet der Sielmann-Stiftung, um eine Exkursion für ein Blockseminar zu Biodiversität vorzubereiten. Auf der Sandpiste entlang des Zauns zur geschützten Kernzone des Naturschutzgebiets bildeten sich riesige Wasserlachen. Wir wunderten uns, warum sie Wandernden zuliebe nicht aufgefüllt werden.

Das erklärte uns später Hannes Petrischak. Im Sand der Senken, die einst Panzer tief eingegraben hatten, leben Urzeitkrebse. Sobald sich Pfützen sammeln und es warm genug ist, erwachen sie zum Leben. Das ist eins der Naturphänomene, die mich am meisten beeindruckt haben. Mit ihrer speziellen Überlebensstrategie haben die Tierchen schon viele Erdzeitalter und mindestens 250 Millionen Jahre nahezu unverändert überstanden. In regenreichen Sommern wimmele es in manchen Wegpfützen nur so von ihnen, erzählte uns Petrischak.

Foto: Hannes Petrischak

Die Sommerschildkrebse können zehn Zentimeter lang werden. Gemeinsam mit ihnen leben in den Pfützen ebenfalls urzeitliche Sommerfeenkrebse, die ihrem Namen mit ihrem elfenartigen Antlitz alle Ehre machen. Die lang gestreckten Tiere schwimmen mit der Bauchseite nach oben im freien Wasser und erreichen in geeigneten Kleingewässern mitunter Zahlen von mehreren Hundert Exemplaren. Besonders spektakulär erscheinen die blauen Brutsäcke der Weibchen, in denen die Dauereier deutlich zu erkennen sind, erläutert Petrischak.

UK Doch warum stehen Unken ebenfalls derart auf Pfützen? Ursprünglich lebten auch sie in den Auen. Da diese selten wurden, wanderten sie zu Truppenübungsgeländen, Baugrundstücken oder aktiv betriebenen Steinbrüchen. Es gilt: Wo gebuddelt wird, entstehen Kleingewässer.

Gelbbauchunken gehören zu den Amphibien. Es sind Boten der Urzeit, die schon vor den Dinosauriern die Erde besiedelten. Der Name verweist auf eine Besonderheit: »Amphibien« können auf beiden Seiten leben, im Wasser und an Land. Gelaicht wird immer im Wasser, gelebt auch auf dem Lande. Mit der Metamorphose verwandeln sich die mit Kiemen atmenden Larven, die wir als Kaulquappen kennen. Aus dem netten, schnell wedelnden Schwanztierchen wird eine behäbigere vierfüßige Unke. Diese atmet über Lungen, kann aber auch über die Haut Sauerstoff aus dem Wasser aufnehmen.

Die possierlichen Tierchen werden höchstens fünf Zentimeter groß. Der Name Gelbbauchunke ist Programm: Wittert sie Gefahr, stülpt sie ihr Hinterteil nach oben, um den Angreifer zu erschrecken. Eine quietschgelbe Bauchseite soll Angst einflößen. Dabei achten sie auf Individualität: Jede trägt ihr Gelb ein wenig anders. Gelbbauchunken leben bescheiden und brauchen ganz wenig Wasser. In Managerkreisen würde man sagen, sie sind höchst effi-

Fotos: Farina Graßmann

Foto: Farina Graßmann

zient. Im Vergleich zu Fröschen legen sie viel weniger Eier. Diese würden in einem normalen Teich, in dem die Frösche in Massen siedeln, in Nullkommanichts aufgefressen werden, denn Eier sind nahrhaft und munden den meisten Mitbewohnern. Diese sich in Teichen tummelnden Feinde können in Pfützen nicht überleben, denn Pfützen trocknen zu schnell aus. Darauf setzen die Unken. Wird's ihnen zu trocken, vergraben sie sich und ihre Eier im noch feuchten Boden und warten gemütlich den nächsten Regen ab. Ein herrliches Unkendomizil!

Die Gelbbauchunke kommt laut Naturschutzbund NABU in Deutschland hauptsächlich im Süden und der Mitte vor. »Die nördlichsten bekannten Vorkommen in Nordrhein-Westfalen und Niedersachsen sind stark zurückgegangen und akut vom Aussterben bedroht.« Die Populationen all dieser einst weit verbreiteten Urtiere schrumpfen seit Jahren. Sie stehen auf der Roten Liste stark gefährdeter Arten und sind streng geschützt. Sie dürfen nicht gefangen, getötet oder während sensibler Zeiten erheblich gestört werden. Auch ihre Fortpflanzungs- und Ruhestätten sind geschützt!

Wie das so ist: Hat man neue Freund:innen, nimmt man plötzlich an ihrem Schicksal teil. Ich gebe zu, über Gelbbauchunken gar nichts gewusst zu haben, geschweige denn, dass wir Nachbar:innen sind. Die rheinische Diaspora von nur rund 150 Unken lebt in meiner Heimatstadt Bonn nahe des Ennert-Höhenzugs und fand jüngst beim ausbleibenden Niederschlag und der anhaltenden Hitze keine Laichplätze. Die kleinen Mitbürger:innen bekamen aber amtliche Unterstützung. Natur- und Landschaftsökologe Peter Tröltzsch von der Biologischen Station Bonn/Rhein-Erft e. V. stellte beim Amt für Umwelt und Stadtgrün der einstigen Bundeshauptstadt einen Antrag zur »Optimierung der vorhandenen Gelbbauchunken-Tümpel«. Tröltzschs Plan: »Wir wollen kleine Gewässer aus Zement konstruieren, die das Wasser etwas besser halten und nachgefüllt werden können«, sagte er dem *Bonner Generalanzeiger* im September 2022. Es entstanden 40 Einfamilienhäuschen für Unken. Ob sie sie beziehen werden, wird sich zeigen.

Blinde Passagiere

Wenn du gelernt hast, im Regen zu tanzen,
kann dir kein Unwetter mehr etwas anhaben.
Also zieh dir Gummistiefel an
und spring mit vollem Elan durch die Pfütze.

KALENDERSPRUCH

UK Was für Kinder mit Gummistiefeln eine wahre Freude und für Eltern ohne nötige Sch(m)utzausrüstung ein Graus ist, kann also für zahlreiche Lebewesen ein Eldorado sein. Manchmal kreucht und fleucht es derart in den Wasseransammlungen, dass man genau hinschauen muss, um die Vielfalt der Lebewesen zu erfassen. Die Kleinsten von ihnen sind mit dem bloßen Auge kaum sichtbar, aber unter dem Mikroskop gut zu erkennen.

Was aber, wenn es in der Pfütze zu eng für alle die Bewohner wird? Wie finden die kleinen Tierchen ein neues Pfützen-Zuhause? Unken und Mücken suchen als erwachsene Tiere die Gewässer gezielt zur Eiablage auf. Sie nutzen dazu alte und neue Transportwege. Der klassische ist seit jeher als blinder Passagier im Vogelgefieder. Vögel baden und säubern sich gern in den Wasserstellen und sammeln so allerlei Lebewesen ein. Die Pfützengesellschaft reist mit.

Das kostenlose Trampen haben einige Pfützenbewohner notgedrungen perfektioniert. Da immer weniger Vögel an den Pfützen einen Stopover machen – die Gründe sind vielfältig und werden an späterer Stelle erörtert –, wird jede Transportmöglichkeit genutzt. Alle Tiere, die an Pfützen schlabbern, Körperpflege betreiben oder einfach durchlatschen, nehmen blinde Passagier an Pfoten und im Fell mit. Hüpfen Kinder von Pfütze zu Pfütze, hocken sich reisefreudige Einzeller auch in die Rillen ihrer Gummistiefel. Selbst Erwachsene, die in die nasse Lache reintreten und dann ärgerlich ihre Schuhe abschütteln, sorgen für lebhaften Pfützentausch. Austausch ist wichtig. Um das Risiko des Verlustes etwa durch Austrocknen zu minimieren, verteilen Insekten ihre Eier auf mehrere Wasserstellen. Bei manchen Arten schlüpft der ganze Nachwuchs nicht auf einmal – die Überlebenschancen könnten sich ja durch neuen Regen in den kommenden Tagen verbessern.

Foto: Mama Lisa

Wimpertierchen wiederum bilden sogenannte Trockenstadien aus und buddeln sich ein, bis neues Wasser vom Himmel fällt. Manche Bakterien entwickelten Sporen: Wenn eine Wasserlache austrocknet, trägt sie der Wind in andere Gefilde.

Besonders faszinierend sind die schwarzen Wasserspringer (*Podura aquatica*), eine verbreitete Springschwanzart. Innerhalb weniger Tage finden sich riesige Ansammlungen in der Pfütze zusammen, die hektisch hoch und auseinander springen, wenn man ein Stöckchen ins Wasser wirft. Obwohl die einzelnen Tiere mit einer Körperlänge von etwa einem Millimeter winzig klein sind, konnten Forscher bisher rund 8000 verschiedene Arten beschreiben. Es dürfte mindestens fünfmal so viele Arten geben, mutmaßen sie. Doch so schnell, wie sie sich sammeln, so schnell sind sie auch wieder weg: Trocknen ihre Pfützen aus, kommt es zu einem Massensterben. Von Tausenden Springschwänzen bleibt nur ein schwärzlicher Überzug auf dem Erdboden. Trotzdem gehören Springschwänze zu den ältesten Landbewohnern überhaupt.

Für alle Mieter- und Untermieter:innen in Pfützen gilt dasselbe: schnell sein. Es könnt ja trocken werden. Im Wachsen ist der Nachwuchs Spitze:

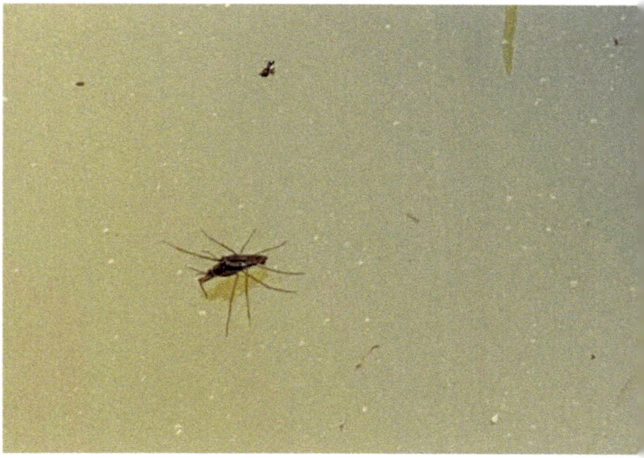

17 Tage reichen den Mini-Kreuzkröten vom Schlüpfen bis zum fertigen Tier. Damit sind sie die Rekordhalter unter unseren heimischen Amphibien. Bei den betulichen Gelbbauchunken ist frühestens nach 41 Tagen aus der Larve mit Kiemen und Schwanz eine fertige kleine Unke geworden.

Pfützen kennen keine Grenzsteine

Wer auf dem Meer gewesen ist, scheut sich nicht vor Pfützen

RUSSISCHES SPRICHWORT

UK Schauen wir uns kurz in den Pfützen dieser Erde um. Wie bunt das Treiben in ihnen sein kann, macht eine Studie zum afrikanischen Kontinent deutlich. Ein Forscherteam, unter anderem von der Senckenberg Gesellschaft für Naturforschung, hat die Fußspuren von Elefanten unter die Lupe genommen, in denen sich Wasser sammelte. Bis zu 61 verschiedene Tierarten haben

Kenia

Foto: Susann von Lojewski

sie darin entdeckt. Schon binnen weniger Tage hätten mehr als 400 Organismen die rund 30 Zentimeter tiefen und breiten Löcher besiedelt, darunter Wasser- und Schwimmkäferarten und Exemplare aus der Gruppe der Stechmücken.

Dort wohnen auch weltweite Verwandte der Urzeitkrebse. Etwa in Namibia machen sie es wie ihre Verwandten in Europa. Gehen kräftige Regenschauer nieder und bilden sich Tümpel, die nicht in wenigen Tagen austrocknen, schlüpft der Nachwuchs. Und der ist reisefreudig. Das fasziniert die Forscher, und sie suchen Völker verbindende Strukturen. Was ein wichtiges Indiz für die Wanderung von gefährlichen Mückenarten werden könnte. Da ist man in den Anfängen.

Bei den Urzeittierchen weiß man, die südafrikanische »Art« ist näher mit der tunesischen als mit der namibischen »Art« verwandt. Noch kann man mit diesem Wissen nicht viel anfangen, es kann aber helfen, Verbreitungswege nachzuvollziehen.

Im südamerikanischen Ecuador fand ich rote Familienmitglieder auf den Galapagosinseln. Auf der weltweit bekanntesten Insel für urtümliches Amphibiengetümmel pflegen Tier und Pfütze ein friedliches Miteinander.

SB Auch in Europa klappt die pfützige Völkerverständigung. Hier pfützen die Wildschweine grenzübergreifend. Wildschweine suhlen sich so lange im Schlamm, bis er auf ihrem Fell eine dicke Schicht hinterlässt, die kühlt oder sie vor Insektenstichen und Parasiten schützt. Solche Suhlen, in denen sich das Wasser aus angrenzendem Erdreich sammelt, sind oft zu sehen in waldiger Umgebung, entlang von Seen oder in mückenreichen Schilfgebieten an Flüssen. Wenn da nicht der Mensch eingreift. Polnische Wildschweine haben in Deutschland Suhlverbot. 2020 zog Deutschland entlang der Grenzflüsse zu Polen niedrige Zäune, um sich vor der Schweinepest zu schützen.

Auch andere Säugetiere machen Pfützen. Etwa Kühe: An ihren Tränken auf den Weiden verdichten die durstigen Tiere die Böden so sehr, dass sich tropfendes Wasser in Senken sammelt. Auf Pferdekoppeln entstehen Pfützen an Sammelplätzen.

Manche Pflanzen versorgen sich in vielen Weltregionen selbst durch Pfützen. Insbesondere Bromelien, die auf Bäumen wachsen, vor allem in den Tropen, aber auch in gemäßigten Breiten. Ihre langen Blätter leiten Regenwasser und nebeligen Niederschlag in eine Vertiefung in die Mitte – ein kleines Bas-

sin, das oft eine Kinderstube für tropische Frösche ist. Ähnlich – allerdings ohne Fröschlein – sammelt sich in Blättern von Hostas in Deutschland Wasser – hier mit Kiefernblüten.

UK Wir freuen uns über engagierte Leser:innen, die diese völlig unvollständige Liste um viele Beispiele erweitern. Kleines Versprechen: Diese Suche nach tierisch schönen Pfützen macht groß und klein riesig Spaß. Susanne und ich könnten noch Seiten damit füllen. Aber die Pfütze will uns ja noch viel mehr erzählen.

... denn sie schützen uns alle

Wer in Pfützen tritt, sollte nicht über nasse Füße klagen

SPRICHWORT

SB Auch Menschen nutzen Pfützen, etwa um sich zu schützen. Verheerende Hochwasser haben in den zurückliegenden Jahren verdeutlicht, dass Flussbegradigungen, Schiffbarmachung und Vernichtung von Auen zugunsten von Landwirtschaft, Wohn- und Gewerbegebieten letztlich den Menschen schaden. Zum Schutz vor Überschwemmungen werden seit einer Weile künstliche Vertiefungen entlang von Flüssen wie der Elbe oder der Rhône in der Schweiz geschaffen. Sie sind Rückhaltebecken und entwickeln sich mancherorts zu artenreichen Tümpeln.

Ähnliches wird in Dörfern gemacht, wenn Ortseinfahrten in einer Senke liegen und regelmäßig von großen Wasserlachen heimgesucht werden. In am Straßenrand extra gegrabenen Vertiefungen kann sich das Wasser sammeln. So funktioniert das seit Frühjahr 2022 vor dem Brandenburger Örtchen

Siethen, davor einige Poller, damit kein Auto dort parkt oder nachts hineinrutscht. Beim ersten Starkregen hat sich das direkt bewährt.

Pfützen sind auch angesichts der Erderhitzung ungeheuer wichtig für alles Leben. In heißen Sommern heizen sich Städte so auf, dass sie bis zu zehn Grad wärmer sind als das Umland. Insbesondere für ältere und gesundheitlich angeschlagene Menschen ist das eine Belastung bis hin zur Bedrohung. Dagegen hilft vor allem viel Stadtgrün, weil Pflanzen Wasser verdunsten und so die Luft kühlen. Das spürt jeder, der aus der prallen Sonne in den Schatten eines Laubbaumes tritt.

Daher wird in heißen Berliner Sommermonaten Wasser auf Straßen gesprengt: um Staub zu binden, die Luft zu reinigen und zu kühlen – es sam-

melt sich oft in Pfützen an den Straßenrändern, die nach und nach verdunsten und die Temperaturen zumindest gefühlt etwas senken.

Aber das ist keine dauerhafte Lösung. Versiegelte Böden können kein Wasser verdunsten, so das Umweltbundesamt. Wäre es also nicht sinnvoller und effektiver, die zunehmenden Versiegelungen aufzubrechen, damit Regenwasser in die Erde eindringen und dort Pflanzen wachsen lassen kann, deren Verdunstung die jeweiligen Straßen und Plätze dann beständiger kühlt? Schließlich verdunstet stehendes und zwischengespeichertes Wasser langsamer als oberflächlich abfließendes.

Genau deswegen fordern Wissenschaftler:innen, Gesundheitsexpert:innen, Umweltschützer:innen und Verbraucherzentralen, Versiegelungen aufzubrechen, manch Bundesland fördert das finanziell.

»Pfützen sind nicht nur kurzzeitige Lebensräume, sondern ihre Verdunstung stärkt auch das Klima«, sagte mir Professor Michael Succow, Initiator der Nationalparks in Ostdeutschland und Träger des Alternativen Nobelpreises, und ergänzt: »Pfützen verbinden Lebensfülle und Schönheit, spiegeln den Himmel und haben mich schon als Kind fasziniert.« Wohl auch darum engagiert sich der Biologe seit Jahrzehnten für die Bewahrung und Renaturierung schrumpfender Moore.

Durch das Trockenlegen von immer mehr Mooren werden die Böden verdichtet. Darum entstehen einerseits Stauwasserpfützen, und andererseits kann das Grundwasser nicht ausreichend aufsteigen. Zudem geht die Wasserspeicherfähigkeit der Böden verloren, Pflanzen vertrocknen deshalb und sterben. Die renaturierten, wiedervernässten Moore im von Succow angestoßenen Nationalpark Müritz bereichern Pfützen und Tümpel und tragen zum Klimaschutz bei, indem sie helfen, Pflanzenteile mit dem darin gebundenen CO_2 im Moor einzuschließen. »Unbezahlbar wie Atmen ist«, meinte dazu die Dichterin Sylvia Geist in ihrem Gedicht über Moore – samt ihren Pfützen.

Wie beim ersten Verliebtsein

»Was suchst du?«
»Eine Pfütze zum Reinspringen.«
»Bist du doof? Du bist doch kein Kind mehr!«
»Das weiß doch die Pfütze nicht!«

UK Pfützen wurden – Sie rechnen damit, oder? – für uns viel mehr als nur belebte Wasserstellen. Und damit sind wir garantiert nicht alleine. Erinnern Sie sich bitte mit uns! Ach ja, die Kindheit! So was von pfützig! Überall und egal, mit wem ich gesprochen habe, der eher trockene Wissenschaftler, der esoterische Yogi, die Kolleg:innen oder Freund:innen – jede und jeder hat seine Pfützengeschichte. Und erinnert sich so detailliert daran wie an die erste große Liebe.

Foto: Opa Horst

Was gibt es auch Schöneres, als in eine Pfütze zu treten? Eine meiner Geschichten: In meinem Job habe ich viel mit Menschen aus anderen Ländern zu tun gehabt. Eines Tages fragte mich ein Kollege, der seit einem halben Jahr in Deutschland lebte, was denn bitte schön dieses Wort »Pfütze« bedeute. Ich überlegte, wie ich es ihm möglichst in einfachem Deutsch erklären könnte. »Das ist da, wo die Erwachsenen drum herumgehen und die Kinder reintreten.« Er lächelte verstehend: »Wasser auf Straße und weg. Wie manchmal Verliebtsein! Erst schön und dann weg!«

SB Wenige Erwachsene haben sich die kindliche Freude bewahrt, diese Sicht aufs Leben. Als ich meiner Freundin Evi, die schon Rentnerin ist, von unserem Vorhaben erzählte, sagte sie spontan: »Mein erster Gedanke ist, wie Kinder in Pfützen springen und wie oft und gerne ich das gemacht habe – auch als Erwachsene! Es bedeutet Lebensfreude – und Freiheit.« Kürzer kann man es nicht auf den Punkt bringen.

UK Pfützen sind nicht nur unverändert, sie sind auch noch nie unmodern geworden. Pfützenweitspringen gehört zu jeder Kindheit dazu. Man kann es kaum besser sagen als diese Geschichte einer jungen Mutter: »Mein Zweijähriger ist komplett in eine riesige Pfütze gefallen. Statt zu weinen, rief er begeistert: ‹Gewonnen›«. So lehrt die Pfütze schon Kiddies, das Leben lieber positiv zu nehmen, so, wie es halt kommt. Natürlich machten Susanne und ich uns auf, viele glückliche Kinder in schmutzigen Pfützen zu fotografieren. Was sich als schwieriger erwies, als erwartet.

SB Pfützenkinder in Bilder einzufangen ist gar nicht so einfach. Eltern sind oft dagegen. Einmal hatte ich Glück. Ich fuhr aufs Tempelhofer Feld und sah die spritzenden Kinder schon von Weitem. Natürlich sauste ich zu ihnen, aber da waren sie schon weitergegangen – drum erzählte ich den Eltern mein Anliegen und fragte, ob sie ihre Kinder extra für mich noch mal pfützen lassen würden. Der Papa nickte lachend. Das war ein Toben!

UK Wir erlebten zwei Arten von Ängstlichkeit. Viele Menschen zeigen in einer Zeit, in der alles jederzeit und überall fotografiert wird und vieles davon im Netz landet, bei ihren Kindern eine verständliche Zurückhaltung. Wobei bei der späteren und längst üblichen beruflichen und privaten Überprüfung der Online-Präsentation – was postet der/die denn so? – sicher eher auf Partybilder als auf Pfützenbilder geachtet wird.

SB Außerdem erlebten wir dies: Übervorsichtige Eltern ziehen ihre Kleinen von Pfützen weg – ja lassen sie nicht mal die Füßchen hineinsetzten. Wie traurig.

Ob eine Pfütze glasklar oder schlammig ist, was schert es das kindliche Gemüt? Mein Freund Claus erzählte von seiner Tochter Hannah. »Sie, noch

ganz klein und in Gummistiefeln, stand vor einer Pfütze und schaute mich an … und wenn sie weiß, sie hat jetzt eine richtige Ferkelei vor, dann fängt sie an zu grinsen. Sie: ›Darf ich da mal rein?‹ Ich: ›Du weißt schon, du wirst dann nass.‹ Das war ihr völlig egal, sie sprang hinein. Da spritzte der Schlamm an ihr hoch, aber ihr war das völlig Piependeckel.« Was Ursula als Erwachsene auch immer noch nachempfinden kann.

UK Der Pfützenspaß geht natürlich auch mit allen möglichen Geräten. Warum gibt es eigentlich nicht schon Pfützenskater, Pfützenkiter und -roller. Ob Susanne und ich ein Start-up planen sollten?

Pfützen kommen auch bei Funk und Fernsehen immer gut an. Als Chefin vom Dienst ließ ich bei RTL eine Geschichte über das – damals – noch ständige und ärgerliche sommerliche Regenwetter drehen. Zwei Praktikantinnen wurden von mir dazu verdonnert, Pfützen-Spritz-Bilder zu machen. Engagiert, wie sie waren, stellten sie sich an eine riesige Pfütze am Straßenrand und ließen sich von vorbeifahrenden Autos nass spritzen. Die Bilder waren großartig. Die Nachwuchsjournalistinnen bekamen Anerkennung … und einen Schnupfen.

Susanne erinnerte sich auch an ihre Lehrjahre:

SB Diese Füße schoss mein Mann in Erinnerung an die lustige Begebenheit, als ich als Praktikantin beim Saarländischen Rundfunk 1988 für einen Wetternachrichtenfilm durch eine Pfütze laufen musste: So kam ich zum ersten und bisher einzigen Mal ins Fernsehen – zumindest meine beschuhten Füße. Später wirkten Pfützen manchmal geradezu magnetisch auf mich.

UK Beim ersten Regen nach langer Dürre gab Susanne uns den Startschuss! Sie sprang und spritzte. Und simste mir nur: »Herrlich!«

Das machte mich ganz kribbelig. Ich musste es nachmachen. Und sie hat recht: Es IST herrlich.

Probieren Sie es doch auch mal. Achtsamkeit, Entspannung, Loslassen und Entschleunigung – plus Atmung, Aufregung, Abenteuer – all diese neuen Lebenswichtigkeiten gibt es dann zum Nulltarif.

Monster und Co

... Plitsch und platsch in jede Pfütze,
Wasser spritzt auf meine Mütze ...

(In die Pfütze springen, wieder herausspringen
und in die Hände klatschen)

KINDERLIED

UK Nicht wegzudenken ist die Pfütze aus der Kinderliteratur. Für Autor und Sams-Erfinder Paul Maar kommt nicht nur samstags das Sams, sondern auch die Erinnerung wie eine Pfütze: »Erinnerung ist ja kein stetiger Fluss, sondern besteht aus einzelnen Pfützen. Aber man kann vielleicht einen Stock in die eine stecken und eine Rinne zur nächsten ziehen, so hat man eine Verbindung zwischen zwei Erinnerungen, andere bleiben aber isoliert.« Die Pfützen für Maar: »So habe ich geschrieben, und mein Lektor hat mir ein bisschen geholfen, dies zu strukturieren.«

Mona

Foto: Vanessa Bara

Regen, Pfütze, Schlamm, schöner bunter Dreck ... da muss doch irgendwo ein Ungeheuer lauern. Tut es. Das Pfützenungeheuer von Marliese Arold und Annet Rudolph lässt jede tiefere Pfütze zu einem kleinen Abenteuer werden.

Wer von Paul und einem kleinen blau geflecktem Wesen mit langem Schwanz liest, wird gleich wieder Kind. Paul lockt das Ungeheuer mit einem Lolli aus der Pfütze, aber das wird dann ganz traurig so ohne Wasser. Natürlich kehren beide zur Pfütze zurück.

Dietmar Pieper begleitet begeistert die Pfützenmacher Tatu und Patu. Die haben eine »Pfützenmachmaschine« gebaut. Die geht so: Regenwasser sammelt sich in einem umgedrehten Schirm, von dort fließt das Wasser in eine rosa Babybadewanne, wobei es ein kleines Mühlrad aus Holzbrettchen antreibt. Das Mühlrad bewegt einen flachen Bohrkopf, der eine Kuhle in den Boden fräst. In die Kuhle läuft das Wasser aus der Babybadewanne. Fertig ist die Pfütze.

2017 war *Spring in eine Pfütze!* von Viktoria und Sarina aus Graz ein Erfolg. Die beiden Girlies stellten ihrem interaktiven Mitmachbuch jeden Tag im Jahr eine spannende und inspirierende Aufgabe. Verwandle die neuesten Trends, mach hier in Mode, da in Beauty und trau dich was: »Spring in eine Pfütze!«

Für nachhaltiges Wissen bei Jung und Alt sorgt die Pfütze beim Kreuzworträtsel. Wer demnächst zur eigenen Erbauung einmal wieder senkrecht oder waagerecht mit fünf, zehn oder sogar elf Buchstaben ein Synonym für Pfütze sucht, hier ein paar Anregungen: Gumpe, Lache, Lacke, Pfuhl, Pudel, Sumpf, Matsch, Kloake, Morast, Tümpel, Wasserloch oder mit elf Buchstaben: Wasserlache.

Ein Minigewässer macht Geschichte

Auf einer Pfütze ist die Flieg' ein Admiral

DEUTSCHES SPRICHWORT

UK Einmal kurz zusammengefasst: Eine Pfütze ist im Allgemeinen flach genug, um sie zu Fuß zu durchqueren, aber zu klein, um sie mit einem Boot oder Floß zu überqueren. Kleine saisonale Uferpflanzen, Gräser und Wildblumen können mit dem kurzlebigen »Vorsprung« von Feuchtigkeit, die von einer Pfütze bereitgestellt wird, keimen. Tiere nutzen sie, Menschen brauchen sie zum Kühlen und zur Freude. Wie vielfältig die Pfütze sich in unserem Leben tummelt, verwundert. Dabei sind wir bisher nur bei der Pfütze in der Natur gewesen. Die Pfütze spielt durchaus auch eine Rolle in der Geschichte, der Literatur, der Kunst und ganz modern in Social Media.

Die Pfütze hat ihre eigene Historie. Ich vermute zwar nicht, dass nach diesem bahnbrechenden Buch eine europäische Universität einen Pfützenlehrstuhl ins Leben rufen wird, aber Pfützen sind durchaus auf vielen Ebenen geschichtsträchtig und beeinflussen die Menschheitsgeschichte mannigfaltig.

Ganz früher, lange bevor Herr Kneipp die heilende Wirkung von kaltem Wasser erkannte, galt die Pfütze für unsere Vorfahren als Heilbad. Füße rein in den Matsch, und dann, meinten die Altvorderen, sank das Fieber, wurden die Abwehrkräfte des Körpers gestärkt und verschwanden Entzündungen. Ein paar Blutegel in der Pfütze waren dabei durchaus hilfreich. Aber die Pfütze diente nicht nur der Gesundheit des Körpers, auch dem Geist tat das Pfützenwasser nach Meinung unserer Urahnen gut. Die Frühzeitmamas ließen ihre Kinder stundenlang in den Pfützen sitzen, weil sie dort verborgene Weisheiten vermuteten, die auf ihren Nachwuchs übertragen werden könnten.

Unser Nationaldichter Johann Wolfgang Goethe jedenfalls kannte noch die Wunderwirkung, die Pfützen zugeschrieben wurden. In seinem Faust spottet er über den Literaturkritiker Christoph Friedrich Nicolai: »Er wird sich gleich in eine Pfütze setzen, / Das ist die Art, wie er sich soulagiert, / Und wenn Blutegel sich an seinem Steiß ergetzen, / Ist er von Geistern und von Geist kuriert.«

Im Mittelalter sorgten Pfützen für die ersten Science-Fiction-Geschichten. Eine Legende, vermutlich aus dem 14. Jahrhundert, erzählt von einem Mann, der Kopfsteinpflaster klaute, um sich ein Haus zu bauen. Das verbleibende

Loch füllte sich mit Wasser, und der nächste Reiter, der durch die »Pfütze« ritt, ertrank. Wie er das bei dem geringen Wasserstand geschafft hat, ist leider nicht überliefert. Selbst der Galanterie früherer Zeiten diente sie. So bewies der Seefahrer Walter Raleigh im 16. Jahrhundert seine gute Kinderstube angesichts einer schlammigen Pfütze. Galant warf er seinen Mantel aus feinstem Tuch über ein solches, damit seine Königin Queen Elizabeth I sie trockenen und sauberen Fußes überqueren konnte.

In der Zeit der großen Auswanderungswellen nach Amerika und Australien hieß es im 18. Jahrhundert: »Er ist über die grosse Pfütze gegangen«, also nach Übersee verschwunden. Flüchtlingen galt das Wort »Pfütze« als Hoffnung. Ein altes Sprichwort politisch Verfolgter heißt: »Ist man über die Pfütze, bekommt man keine Schmitze.« Will heißen: Wer es übers Meer schafft, entgeht Unterdrückung und Verfolgung.

Im Krieg spielte die Pfütze eine oft traurige Rolle. »Der Tod kroch aus den großen, gelblichen Pfützen«, erzählte die *Welt* am 14. Juli 2017 in ihrem Geschichtsmagazin über den Ersten Weltkrieg. Die Haager Landkriegsordnung von 1899 hatte zwar längst die Verwendung von erstickenden oder giftigen Gasen verboten. Eingesetzt wurden sie trotzdem. Das Chlorgas sammelte sich in giftigen Wasserlachen auf den Schlachtfeldern. Im Sommer 1917 erlitten die Soldaten durch die furchtbaren Pfützen grausame Verletzungen. Noch schlimmer: Der Stoff gefror dann im Winter zu großen gelblichen Pfützen, die bei Tauwetter erneut tödliche Wirkung entwickelten.

Krieg ohne Pfütze scheint es nicht zu geben. Auf der ganzen Welt. Am 28. April 2004 titelte die Schweizer *News* über den Bürgerkrieg in Thailand: »Die leblosen Körper liegen in Pfützen aus Blut mitten auf der Straße, Soldaten patrouillieren in gepanzerten Wagen.« Ähnlich furchtbar der Titel des *Merkur* am 17. März 2022 zum Ukrainekrieg: »Katastrophale Zustände in Mariupol: Menschen entnehmen Wasser aus den Pfützen.«

Die Pfütze spielt in diesem Krieg zunehmend eine symbolische Rolle. Am 13. Juni 2022 zeigte *Bild.de* ein Foto aus der Stadt Tschernihiw in der Nordukraine. Eine Gruppe Schulabgänger posiert – aufgenommen vom Fotografen Stanislav Senyk – für ihr Jahrgangsabschlussfoto auf ausgebrannten Panzern, in zerbombten Gebäuden und vor zerstörten Fenstern. Im Vordergrund eine riesige Pfütze, die das dramatische Bild sanft und in wunderschönem Licht widerspiegelt.

Im Netz macht ein Foto mit der Überschrift »Wer Frieden will, liefert keine Waffe« die Runde: Es zeigt ein kleines Mädchen alleine in einer brennenden Stadt vor einer Pfütze stehend. Darin gespiegelt sie mit ihren Eltern Hand in Hand. Nun hält sie nur noch ihr Kuscheltier in der kleinen Faust.

Die Pfütze als Symbol inspirierte 2020 den Choreografen Giuseppe Spota in Gelsenkirchen derart, dass er im Musiktheater im Revier Claudio Monteverdis Oper *L'Orfeo* um eine Pfütze herum inszenierte. Ziemlich beeindruckt schilderte der Deutschlandfunk, wie Orfeo in die Unterwelt aufbricht, um Euridice zurückzuholen. Er wird begleitet von tanzenden geisterhaften Wesen in Gummistiefeln, aus denen Wasser schwappt. Zurück bleiben Pfützen auf leerer Bühne.

Bei der umstrittenen jüngsten Bayreuther Wagner-Inszenierung der *Götterdämmerung* durch den jungen Regisseur Valentin Schwarz bekam nur die Pfütze keine Buhrufe. Der *Spiegel* rezensierte am 6. August 2022: »Manchmal zünden die Ideen, etwa wenn er sich vom Bühnenbildner Andrea Cozzi ein Schwimmbad mit Pfützen am Boden bauen lässt, das einsam in einer Wüstenlandschaft steht und sehr hübsch den Rhein in diesem Hitzesommer 2022 symbolisiert.«

»Davon ist doch nur eine Pfütze übrig«

Aus einer Pfütze wird ein Meer,
es fängt an mit einer Träne

RUSSISCHES SPRICHWORT

SB Der Begriff »Pfütze« wird umgangssprachlich auch als Analogie genutzt, wobei kleinste sprachliche Nuancen ganz Unterschiedliches ausdrücken, wie nachfolgende Beispiele zeigen.

»Da ist doch bloß noch eine Pfütze drin.« Das kann heißen: »Esst den kleinen Rest der Suppe auf! Es lohnt sich nicht, ihn aufzubewahren.« Oder jemand, der sich mit hungrigem Magen auf eine stärkende Mahlzeit freute, protestiert im Sinne von: »Davon werde ich aber nicht satt!«

»Das ist doch bloß eine Pfütze« kann bedeuten: »Stell dich nicht so an!« oder: »Das brauchen wir nicht ernst zu nehmen.« Der Brite Lewis Dartnell, Professor für Wissenschaftskommunikation an der Universität Westminster, bezeichnete in einer ZDF-Arte-Dokumentation sogar das Mittelmeer als »relativ kleine Pfütze« – erdgeschichtlich betrachtet.

Die Aussage »Davon ist nur noch eine Pfütze übrig« kann heißen: »Leider kann ich dir nicht mehr anbieten.« Oder es könnte ganz anderes bedeuten: Ein einstiger See oder Fluss ist fast versiegt und nur eine kleine Wasserstelle übrig. Bekannt und von Wienern als Pfütze verspottet ist der flache, durch eine tektonische Einsenkung entstan-

denen Neusiedler See in Österreich und Ungarn. Der Steppensee ist an seiner tiefsten Stelle lediglich zwei Meter tief, speist sich fast nur durch Regen und trocknete im 18. und 19. Jahrhundert mehrfach aus.

Bitter jedoch ist so etwas bei Gewässern, die wegen Übernutzung oder aus klimatischen Gründen versiegen.

Dramatisches Beispiel ist der Aralsee. Dazu schrieb ich 2021 im Fachjournal *Welternährung* der Welthungerhilfe: »Von dem einst viertgrößten Binnensee der Welt sind infolge übermäßigen Baumwollanbaus nur Pfützen und eine Wüste übrig – zum Leidwesen der Bevölkerung, ihrer Wirtschaft und den Geldgebern.«

Diese Dramen nehmen zu. Etwa im kanadischen Saskatoon. Da »haben sie unterschätzt, wie schnell das Wasser verschwindet«, erklärte der Autor Daniel Harrich 2022 in seiner Fernsehdokumentation *Bis zum letzten Tropfen*. Sein Film zeigt große Salzseen, in denen nicht einmal mehr Pfützen stehen: »Die einst wasserreiche Region im Herzen Kanadas, bekannt für ihre Landwirtschaft, ist ausgetrocknet« – im Wortsinn bis zum letzten Tropfen.

Der Biologe und Begründer von Nationalparks und Biosphärenreservaten Michael Succow (Jahrgang 1941) hat das in seiner Heimat Brandenburg erlebt und festgehalten: Das eine ist eine flache Pfütze auf einem Acker, wo früher einmal ein lebendiges Kleingewässer war, ein Rastplatz für Wasservögel

Reste eines Tümpels in Brandenburg

Austrocknender See in Lüdersdorf

Fotos: Michael Succow

und andere Lebewesen. Das andere ist ein austrocknender Teich in Lüdersdorf (Brandenburg) – Succow hat ihn in seiner Kindheit noch mit klarem Wasser erlebt und dort schwimmen gelernt. Entwässerung und Übernutzung rückgängig zu machen, sei die »Triebkraft seines Lebens«, so der Agrarwissenschaftler. Er bezeichnet die Industrialisierung der Agrarlandschaft als »subventionierte Unvernunft«.

Der Sommer 2022 zeigte beängstigend, wie weltweit große Ströme vom italienischen Po bis zum chinesischen Yangtze zu Rinnsalen mutierten. Vom Yangtze blieben stellenweise lediglich große kreisrunde Wasserstellen übrig, so zu sehen am 6. September in der *Süddeutschen Zeitung*. Sie veröffentlichte ein Foto von Agence France Presse von kreisrunden Yangtze-Pfützen-Resten. Infolge des Wassermangels standen in China mehrere Kraftwerke still. Der Klimawandel zeige, so die *SZ*, sein »ganzes disruptives Gewaltpotenzial dieses Jahr erstmals richtig«.

In Deutschland legte das Niedrigwasser am Rhein das Kiesbett auf breiter Fläche trocken.

UK Auch die im Volksmund sogenannten »Hungersteine« tauchten überall in großen Pfützen auf. Wenn diese Unterwasserfelsen sichtbar werden, bedeutet das fürs Volk seit jeher Dürre und schlechte Ernte. Ist aber auch ein Eldorado für Fotografen.

Fotos: Daniel S. Bergius

Wie lebensfeindlich verdorrte Landschaften sind, zeigt sich beispielsweise im Death Valley in den USA, das aus gutem Grund diesen Namen trägt: Pfützen sehen in der schier grenzenlosen Ödnis verheißungsvoll aus, doch es sind Reste ausgetrockneter Salzseen – ihr Wasser ist lebensgefährlich.

Foto: Jochen Tack

SB Der freie Essener Fotograf Jochen Tack entdeckte bei seiner Fotorecherche eine besonders ungewöhnliche Pfütze im Flussbett: In ihr spiegelte sich der sagenumwobene Drachenfels bei Rhöndorf. Dieses »Rheingold« kürte das Magazin *Journalist:in* im September 2022 zum Bild des Monats.

Nicht nur im Großen, auch im Kleinen war diese klimatische Veränderung zu spüren. Der Sohn einer Freundin erlebte mit Freunden beim Langstreckenwandern und Zelten in freier Natur in Südfrankreich dies: Sie waren ohne Wasser, aber mit einem Wasserfiltriergerät losgezogen. Doch all die kleinen Flüsschen, auf die sie gezählt hatten, waren ausgetrocknet. Glücklicherweise konnten Pfützen ihnen helfen: Das Gerät filtrierte die Wasserreste, es schmeckte schal, aber immerhin verdursteten sie nicht.

Pfützen entstehen nicht nur durchs Austrocknen, sondern umgekehrt durchs Auftauen: im Permafrost der Tundren Sibiriens, Alaskas oder in den Alpen, wo die Böden dauerhaft bis zu mehreren Hundert Metern tiefgefroren sind. Weil sich die Erde erwärmt, tauen sie zunehmend an der Oberfläche auf und frieren nicht mehr zu. Die Pfützen sind dann Vorboten eingreifender Änderungen: Böden sacken ab, Straßen zerbrechen, Häuser verschwinden im Erdreich, in den Alpen kommt es zu Bergstürzen. Die Landschaft verändert sich.

Klatsch und Tratsch

Spucke nicht in die Pfütze,
vielleicht musst du einst selber daraus trinken

DEUTSCHES SPRICHWORT

UK Das Thema Pfütze zieht sich durch die Literatur, die Philosophie und brilliert bei alltäglichen Weisheiten. So heißt es im Jüdischen über Menschen, die sich für eine Tat entschuldigen wollen und sich dadurch eher be- als entlasten: »Er will sich waschen in der Gnojowke« (polnisch Gnojówka = Pfütze, Mistjauche).

Es gibt tatsächlich Sammlungen, die auflisten, was Pfütze so alles kann und tut. Allein 424 Beispielsätze listet der Phrasensucher Inspirassion.com auf. Und im deutschen Sprichwörter-Lexikon von Wander sind unter »Pfütsch-pfatsch« zahlreiche kluge Kalendersprüche zu finden, zum Beispiel: »Was man in die Pfütze wirft, schnattert die Ente (Gans) wieder heraus.« Pfützen-Enten-Geschnatter gibt es selbstverständlich auch in der Medienlandschaft … und inspiriert immer wieder zu wunderbaren journalistischen »Meisterleistungen«: »Aus Versehen spritzte Nadine (39) auf dem Heimweg viele Passanten nass, als sie durch eine Pfütze fuhr. Jetzt sucht sie die Opfer.« (*Bild.de*, 12. Mai 2019) »In Potsdam sind zwei Radfahrer nichtsahnend auf eine große Pfütze zugefahren und sind im nächsten Moment wie vom Erdboden verschluckt.« (*Tag24*, 6. September 2020) »Ein letztes Überbleibsel der Mondmission in Brunnthal, eine geheimnisvolle Pfütze vor dem chinesischen Generalkonsulat in Obersendling: Einige Fälle forderten Polizei, Feuerwehr und Zoll auf besondere Weise.« (*sueddeutsche.de*, 27. Dezember 2019)

SB Über Pfützen zu reden heißt auch, über gesellschaftliche Verhältnisse zu sprechen. Pfützen galten da, wo Menschen miteinander leben, schon immer als Zeichen von Armut. So ist Pfuhl (= sumpfiger Teich, Tümpel, große Pfütze) ein »Sinnbild des Schmutzes und der Sünde«, wie das deutsche Wörterbuch

Wahrig erklärt. Solche »Armutszeichen« sieht man insbesondere in Ländern des sogenannten globalen Südens, aber nicht nur dort. Über Orte ohne angebliche zivilisatorische Errungenschaften, wo Straßen nicht asphaltiert oder gepflastert sind, sondern der Regen sie zu Schlammpisten macht, heißt es gern überheblich: »Meine Güte, wie leben die denn hier?« Armut wird dann gleichgesetzt mit Straßen ohne Bürgersteige, oder wenn sich zwischen Straßen und Häusern nur schmale Fußpfade schlängeln.

In Ostdeutschland wurde nach der Wende zwar viel asphaltiert und gepflastert, doch sind auf dem Darß in Mecklenburg-Vorpommern und in

weiten Teilen Brandenburgs Wege und Straßen noch häufig sandig. Was viele Leute aus Gebieten gründlicher Versiegelung als Zeichen von Zurückgebliebenheit betrachten, empfinden andere Besucher als typischen Charakter und weithin verloren gegangenen Charme. Das ist aber nur im Urlaub heimelig.

Stadtmenschen, für die Teer- und Asphaltstraßen oder zumindest Kopfsteinpflaster selbstverständlich sind, verlieren im Alltag leicht die Geduld, wenn sie mit Matschpisten vor der eigenen Haustür konfrontiert sind, etwa wenn Wasserleitungen verlegt werden, wie meine Nachbarn und ich es zwei Jahre lang erlebten.

UK Susanne und ich ertappten uns dabei, dass auch wir der Pfütze je nach Situation durchaus unterschiedliche gesellschaftliche Bedeutung gaben. Wie irritierend: als gäbe es gute und schlechte Pfützen in guter und schlechter Umgebung. Arme-Leute-Pfützen und Wir-bauen-Neues-Pfützen. Eine Pfütze amüsierte mich allerdings. Ob gut oder schlecht, mag ich nicht zu sagen. Jedenfalls geschichtsträchtig. Der Legende nach soll Bremen wegen einer nassen Begebenheit seine Spielortqualifikation bei der WM 2006 verloren haben. Franz Beckenbauer, damaliger WM-Organisator in Deutschland, habe durch eine Pfütze auf dem Stadionparkplatz sein teures Schuhwerk versaut. Dafür zog der Kaiser für das Bremer Stadion die rote Karte: Platzverweis!

Foto: Georg Streiter

Mauerpark in Berlin

Die Influencerin

Immer, wenn ein Vierjähriger auf einem Tablet spielt,
trocknet irgendwo eine traurige Pfütze aus

SPRUCH AUS DEM KINDERGARTEN

UK Eine Pfütze im englischen Newcastle upon Tyne war 2016 ein Internetstar. Sie ging mit der Zeit und war »ON«. Bis zu 20.000 Nutzer verfolgten gleichzeitig den Stream der Livevideo-App Periscope und teilten unter dem Hashtag #DrummondPuddleWatch, was rund um die Pfütze passiert. Jede, wirklich jede Zeitung auf der Insel berichtete über das Schicksal dieses unscheinbaren Wasserlochs. Selbst das Nachrichtenmagazin *Der Spiegel* trat schließlich mit einer eigenen Geschichte hinein: »Sechs Stunden lang filmt ein Smartphone hinter einer Fensterscheibe, wie Passanten die Pfütze überqueren. Einige laufen unbeirrt hindurch und waten knöcheltief durch das Wasser. Andere schlängeln sich an der Seite vorbei oder klettern über das Geländer ans andere Ufer. … Irgendwann kommt ein Mann gelaufen und stellt ein gelbes Putzschild auf, das vor Rutschgefahr warnt.« Das macht die Pfütze erst recht prominent. Passanten schleppen ein Surfbrett an und werfen sich mit einer Luftmatratze in die Lache. Beim Online-Auktionshaus Ebay wird angeblich mehr als 65.000 Pfund für Wasser aus der Pfütze geboten. Social Media at it's best.

Die Geschichte hatte übrigens ein prosaisches Ende: Irgendwann wachte die Stadtverwaltung auf und rückte mit einer Kehrmaschine an.

Neugierig geworden, fand ich bei meiner Recherche verblüffenderweise gleich mehrere Pfützen-Onlineprofile weltweit. Diese ist eine der ältesten: die Schlammpfütze in der fernöstlich-russischen Stadt Juschno-Sachalinsk, die seit 1994 dauerhaft die Kinder freut und die Erwachsenen ärgert. Auf Instagram kann jeder verfolgen, wie es um die Straßenbauarbeiten, die die Pfütze versiegen lassen sollen, steht. Sie werden ständig verschoben – jetzt soll es 2024 so weit sein. Die Pfütze hat also gute Chancen, ihren 30. Geburtstag zu feiern.

Immer mehr Menschen kämpfen mit solchen Dauerpfützen. Die Tiefbauabteilungen deutscher Bauämter kennen mittlerweile dies Problem. Aufgrund des Straßenwinkels neigen Pfützen dazu, sich an den Straßenrändern zu sammeln. Um Wasser auf Straßen und Gehwegen zu bändigen, baut man Balligkeiten ein: Wölbungen nach rechts und links. Das Wasser fließt in eine Rinne und von dort über einen Gullyrost in die Kanalisation ab.

Foto: Jonathan O'Leary

SB Wären Versiegelungen eben, entstünden keine Pfützen. Pfützenwasser ist wie jedes Wasser, es sucht und findet seine Wege. Selbst neue, ganz glatt wirkende Asphaltdecken oder geflieste Plätze haben Vertiefungen, die im trockenen Zustand kaum sichtbar sind, ob auf dem Radweg, dem Bahnsteig oder vor dem Kölner Dom.

Der Schwerlastverkehr tut das seine durch Spurrillen oder durch das Bremsen verursachte »Löcherketten«. Auch der Zahn der Zeit nagt: Der Belag von Fahrradwegen platzt auf, Betonplatten auf landwirtschaftlichen und Industriegeländen werden löchrig. Dabei kön-

nen Pfützen winzig sein, so klein wie ein Zehnagel zum Beispiel. Überdies geben Steinverlegungen auf Sand auf die Dauer nach. In Berlin etwa, wo Gehwegplatten und kleine Pflastersteine große Flächen bedecken. Dort hebt pfützige Feuchtigkeit die schönen Muster der typischen Bürgersteigbeläge hervor.

Gegen den Asphalt wehren sich die Straßenbäume – und so wirft manch ein Geh-, Rad- oder Fahrweg nach und nach »Falten«. Darin machen es sich Pfützen recht gemütlich. Die Pfütze hat gelernt, die menschgemachten Unebenheiten zu nutzen. Leider manchmal zum Schaden der Erbauer. Auf Straßen kann sie bei höheren Geschwindigkeiten lebensgefährlich werden: Aquaplaning bringt Autos ins Schleudern. Der Schmutz-Wasser-Film gerade auf Autobahnen löst den Kontakt der Reifen zur Straße, Pfützen können den Drall verstärken – Bremsen zwecklos.

UK Im Stadtverkehr führt auch dies zu nassen Meetings an der Bordsteinkante und unfreiwilligen Duschen durch vorbeifahrende Autos. Rücksichtslosen Autofahrer:innen drohen mittlerweile in einigen Ländern Knöllchen, wenn sie zu arg spritzen.

SB Für Fahrradfahrer:innen in der Stadt kann es heikel sein, wenn die Pfütze so breit und tief ist, dass sie auf die Autofahrbahn ausweichen müssen, eine riskante Sache.

Hingegen können Radler:innen bei flacheren Pfützen schon mal durch derartige Pfützen hindurchrollen. Solche Wasserfahrten haben ihre Grenzen bei pfützigen Überschwemmungen, wo nicht abschätzbar ist, wie tief sie sind. Kommt man mit dem Rad hindurch – oder wird es so tief und vielleicht matschig, dass man ins Wasser absteigen muss oder, schlimmer gar, mit Sack und Pack ausrutscht, umfällt und alles triefnass wird? Meist machen verunsicherte Radler:innen lieber kehrt und fahren – wie im Frühjahr in Flussauen – mehrere Kilometer weit zurück, um den Deichradweg zu nehmen. Einen Vorteil hat das: Hinter der großen Pfütze haben brütende Vögel ihre Ruhe vor Touristen.

Igitt – nass, kalt, ekelig

Wenn du gelernt hast, im Regen zu tanzen,
kann dir kein Unwetter mehr etwas anhaben.
Also zieh dir Gummistiefel an
und spring mit vollem Elan durch die Pfütze.

SPRUCH AUF MUTMACH-POSTKARTE

UK Uns Pfützenfans ist schon klar, so richtig beliebt ist die Pfütze nur in einer kleiner Bubble.

SB In Fußgängerzonen laufen die Menschen in Schlangenlinien – sie machen Bögen um die Pfützen, ihre Schuhe sollen ja nicht nass werden, Hosen und Feinstrumpfhosen keine Spritzer abbekommen. Die Pfützen sind lästige Hindernisse, für die man Umwege machen oder die man überwinden muss. Auch wenn bei ihnen mehr weit, als hoch zu springen ist.

Ärgerlich ist die Lage, wenn nach einem Sturzregen der Durchgang zum Hof / Seitenhaus / Hinterhaus unter Wasser steht. Das ist bei Berliner Häusern

häufiger der Fall, da die Durchgänge oft etwa einen halben bis ganzen Meter unter Bürgersteigniveau liegen und die Höfe ein Gefälle hin zu den Durchgängen haben – wohlgemerkt ohne funktionierende Entwässerung. Dann kann es Tage dauern, bis die Bewohner:innen einer Wohnung im Durchgangsbereich trockenen Fußes heim gelangen. Unerfreulich auch, wenn sich Pfützen im Treppenaufgang bilden, weil der Außenaufzug nicht eingekastet ist und der Regen durch den Schlitz unter der Aufzugstür hineinschlüpft. Oder gar Schnee, der dann schmilzt. Oder wenn die Waschmaschine ausläuft.

UK Viele Menschen ärgern sich über Pfützen. Ich wollte von Susanne wissen, ob das bei Tieren auch so ist. Die einst passionierte Reiterin lachte.

SB Es war 2002 auf der ostfriesischen Insel Borkum, als ich mit meinen kleinen Söhnen, acht und zehn Jahre, einen Ponyausritt-Spaziergang machte. Ich führte das eine Pony am Halfter über einen Pfad. Mittenmang eine Pfütze. Ich ging nichts ahnend auf sie zu. Doch da drängte mich das Pony beiseite, fast wäre ich im Wassergraben gelandet. Was Ursula völlig neu war, hätte ich als Reiterin wissen müssen: Viele Pferde sind pfützenscheu. Diesem schimmernden, für sie unheimlich wirkenden Nass wollte der Vierbeiner nur ausweichen. Die Geschichte ging gut aus: Mit aller Kraft stemmte ich mich gegen das Pony. Es gab nach!

Auch Hunde, Kühe, Schafe oder Ziegen scheuen vor Wasserflächen. Das liegt an ihrem Sehvermögen: Sie können nicht auf deren Grund schauen, nicht erkennen, ob sie flach und harmlos oder tief und gefährlich sind. Ihr Urinstinkt rät, Abstand zu halten. Drum traben sie unbeschwert durch Pfützen, die sie kennen oder für die man sie trainiert hat, nicht aber durch unbekanntes Nass.

Wenn man Pfützen nicht als Hindernis begreift, entdeckt man plötzlich den Reiz einer Wasserstelle just dort, wo man eigentlich anderes vorhatte, etwa zu tanzen. So lebt eine Pfütze durch die sich auf eingeschränktem Raum bewegenden Tänzerinnen.

Mensch, lass die Pfütze Pfütze sein

Du darfst barfuß laufen, durch Pfützen springen, singen,
lachen, tanzen und staunen, die Welt entdecken,
auch mal weinen und traurig sein, uns umarmen und glücklich sein

WEISHEIT AUS DEM NETZ

UK Unglaublich, aber wahr. Der liebe Gott kommt auch nicht ganz ohne die Pfütze aus. Diese Predigt ist so schön, dass sie auf der hochmodernen Kanzel namens Internet ihren Platz fand und Gläubige und Nichtgläubige zwar nicht in der Kirche, aber vor dem Computerbildschirm versammelte. In der österreichischen Pfarrgemeinde Rosenau hielt am 16. Dezember 2014 Pfarrer Roman Fraiss eine Predigt zum 2. Petrusbrief, Kapitel 3. Es war der Ewigkeits-

sonntag, und die Predigt handelte von einer Pfütze, die mit dem Pfarrer über Gott philosophierte.

»Ich fragte sie, wie ausgerechnet sie darauf käme, von Gott zu reden? Statt einer Antwort nahm die kleine Pfütze alle Kraft zusammen und spiegelte mir die ganze Weite des Himmels. Wir führten lange Gespräche über ihren Vater, den Regen, und auch darüber, dass sie sich vor der Sonne fürchtete. Vielleicht ist es mir gelungen, ihr diese Furcht zu nehmen. Sie wurde nämlich sehr nachdenklich, als ich ihr von der Weite des Meeres erzählte, vom Spiel seiner Fische und den glitzernden Wellenfalten. Ich erzählte auch, dass das Meer die Heimat und Geborgenheit aller Pfützen der Welt sei und dass alles Leben des Meeres und der Erde aus der Sonne käme, auch das Leben der Pfützen …«

Die Pfütze trocknete aus. Doch Pfarrer und Pfütze hatten eine Botschaft erfahren: »Die Pfütze hat Angst vor dem vermeintlichen Ende. Angst vor der Sonne. Dann, als sie vom Meer erfahren hat, hat das ihre Hoffnung geweckt, ihr die Angst genommen. Sie hatte Hoffnung, dass alles noch ganz anders wird. Dass sie auch als Gas, in einer geistigen Form, weiterhin Leben kann …«

SB Wie bedeutsam und faszinierend Pfützen für den Artenschutz sind, erlebte meine schwedische Kollegin Ewa Hedlund in der Nähe von Stockholm. Dort wurde die Insel Ängsö wegen ihres wunderbaren Orchideenbewuchses zum Naturschutzgebiet erklärt. Die ansässigen Bauern mussten ihre Kühe von den Weiden nehmen. Was dann passierte, verblüffte die selbst ernannten Naturschützer: Statt sich auszubreiten, schwanden mit den Kühen auch die seltenen Orchideen. Die erstaunten Behörden erkannten daraufhin den Zusammenhang zwischen extensiver Beweidung und prachtvollen Orchideen – und hörten endlich auf die Wissenschaft. Die Beweidung hält die dichten Gräser kurz, verhindert Verbuschung, und die Hufe der schweren Tiere verdrängen stellenweise Pflanzen: In

die Hufabdrücke fällt Licht, und es sammelt sich Wasser – ideale Bedingungen für Adam und Eva, wie diese Orchideen in pink (Adam) und gelb (Eva) heißen. Ein Segen für die Biodiversität im ältesten Nationalpark Schwedens.

Seither weiden dort und in vielen Schutzgebieten Kühe, umgeben von zauberhaften Blüten. Welch ein Farbenspiel. Um derartige Artenvielfalt zu erhalten oder zu schaffen, wird auch in Deutschland vermehrt auf Beweidung durch verschiedene Säugetierarten, Wiedervernässung und »temporäre Wasserstellen« gesetzt, wie der »Naturerbe Jahresbericht 2022« der Deutschen Bundesstiftung Umwelt erläutert.

UK Dennoch: Die kleinen pfützigen Paradiese sind bedroht. Nur zwei Zahlen: Etwa drei Viertel aller Insekten und 600 Millionen Vögel haben wir in den letzten Jahrzehnten verloren. In den vergangenen 50 Jahren sind in Deutschland rund 75 Prozent aller Kleingewässer verschwunden.

SB Aber: »Pfützen sind wichtig für die Grundwasserneubildung, weil sie das Wasser in der Landschaft zurückhalten und es so nach und nach in den Boden einsickern und das Grundwasser auffüllen kann«, sagte mir der Autor und Regisseur Daniel Harrich. Seine investigative Kombi aus Dokumentation und Spielfilm hat die Deutsche Umwelthilfe (DUH) 2022 mit dem Umweltmedienpreis ausgezeichnet. Beeindruckend: Diese Produktion über den Kampf ums Grundwasser und gegen dessen Versiegen ist, wie es heißt, der meistgesehene Film der ARD aller Zeiten.

Doch diese Grundwasserfunktion wird in Städten unterbunden. Parkwegepfützen geht oft es tiefgründig zu Leibe, sie werden dann nicht aufgefüllt, sondern »mit der Wurzel« beseitigt.

Und unter den Gullys sind die Schmutzfangeimer zu reinigen. »Sonst verschlammen sie«, erzählte Stephan Praetorius, Geschäftsführender Gesellschafter eines Berliner Garten- und Landschaftsbauunternehmens, bei der Arbeit. »Dann entstehen richtige Feuchtbiotope. Einmal haben wir sogar Molche entdeckt! Die haben wir ins nächstliegende Gewässer umgesiedelt.«

Wo ist das Problem? Verstopfen die Gullys, gibt es noch mehr Pfützen an der Oberfläche. Und das will die Stadtverwaltung nicht. Darum ist es einer der Jobs von Praetorius: sie dauerhaft zu beseitigen.

Wenn Pfütze schwinden, bedeutet das außerdem, dass nicht genug Regen fällt. Erika Blank von der DUH brachte es so auf den Punkt: »Pfützen sind ein Synonym für einen ausgeglichenen Wasserhaushalt. Fakt ist: Es gibt zu wenig Pfützen.«

Hinzu kommt das nächste Problem: Müll. Aus Alu, Plastik, Papier. Er schwimmt in Pfützen am Rande von Baustellen, Straßen, auf Gehwegen. Seit die Coronapandemie über die Welt gekommen ist, sammeln sich dort Masken und farbige Kunststoffhüllen.

Viel schlimmer ist, dass Plastikverpackungen auch in Seen und Kanälen landen, wo das UV-Licht der Sonne sie so in Kleinstteile zersetzt, dass sogar Wasserstellen in einem Feuchtgebiet bunt gesprenkelt sind vor lauter Miniteilchen. Welch schillernder Schmutz! Bizarre Schönheit könnte man bei dem Strukturbild meinen, aber das wäre makaber. Ich war jedenfalls entsetzt, als sich das schillernde Etwas am Rande des idyllischen Griebnitzsees zwischen Berlin und Potsdam als Plastik entpuppte.

UK In den großen Naturreservaten unserer Welt kämpft die Pfütze nicht nur gegen ihr Aussterben, sondern auch gegen ihre Totalverschmutzung. In Ländern, wo die lebenswichtigen Flüsse als Müllkippe missbraucht werden, kann die Pfütze nichts mehr ausrichten. Sie verkommt zum Dreckloch. In dürren Gegenden wie der Kalahariwüste oder den Galaposinseln kann sie nur noch geschützt werden durch rigorose Maßnahmen. Touristen dürfen dort nur reisen, wenn sie weder Essen, noch in Plastik ver-

  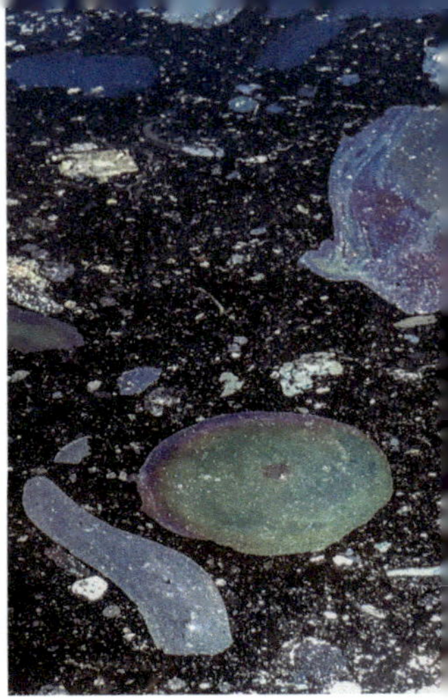

packte Getränke mitnehmen. Nur die Kamera ist erlaubt. Dennoch findet man auch hier winzige, tiertötende Plastikpartikel am Pfützenrand.

SB Besonders ekelhaft ist es, wenn Flüssigkeiten in Pfützen auslaufen und von dort verbreitet werden, etwa Wandfarbe, die dort gar nichts zu suchen hat. Auch kaputte Batterien verursachen, wenn sie in Gewässern landen, Umweltverschmutzung.

»In den Pfützen schwimmt Benzin, schillernd wie ein Regenbogen«, singt Reinhard Mey in seinem bekannten Ohrwurm »Über den Wolken«. Generationen haben sein Lied sehnsüchtig gesungen und an die Freiheit über den Wolken gedacht, aber weniger an die giftigen, bunten Schlieren auf den Pfützen, obwohl oder weil dieser Anblick in den 1970er- bis 1990er-Jahren durchaus sehr verbreitet war.

Erst strengere Umweltvorschriften für Zapfhähne an Tankstellen und Autowäsche haben das Problem der Ölpfützen sichtbar gemindert. Das Phänomen tritt nur noch vereinzelt auf, etwa in der Pfütze eines mit Teer abgedichteten alten Kahns.

Ein widersprüchliches Empfinden: Der Ölfilm ist schädlich und gleichzeitig schön. Ein Blick in eine ölverschmutzte Pfütze führt wie auch der Regenbogen in faszinierender Weise vor Augen, dass sich weißes Licht aus Spektralfarben zusammensetzt. Bricht sich das Licht in Pfützen, dann suggerieren unsere Augen uns sogar intensivere Farben, als die Physik es eigentlich zulässt. Ein buntes Aufeinandertreffen von Lichtwellen ermöglicht regelrechte Farbexplosionen.

»Auch der schönste Schneemann ist im Frühling eine Pfütze«

UK Dieses Zitat von Hans Kaspar zeigt uns nicht nur die Vergänglichkeit unseres kleinen Lieblingsgewässers. Je mehr Wasserstellen wir wahrnahmen oder über sie philosophierten, umso mehr lernten wir die Pfütze in ihren unterschiedlichsten Gewändern kennen. Jede hat ihr eigenes Leben und ihre eigene Schönheit. Drum verwundert es wohl nicht, dass wir auch Jahreszeitenpfützen entdeckten.

Im Frühjahr blubbern die Luftblasenpfützen. Bei ergiebigem Frühlingsregen bilden die Tropfen kurzfristig eine schillernde Gasglocke. Es ist hübsch anzusehen, wie die im Wasser temporär gebundenen Gase sich befreien. Sie können auch spektakulär hochspritzen und dann ihre Kreise malen. Udo Jürgens inspirierte dies wohl 1988 im Lied »Zeit der Zärtlichkeit« zu jener schönen Textzeile: »Und jeder Tropfen Zeit zog Kreise auf dem stillen See.«

SB Während es regnet, kommen Pfützen in Bewegung – manchmal lebhaft, manchmal zaghaft. Strömt Wasser in Pfützen oder vom Dach durchs Regenrohr, ist lauter Aufruhr angesagt. Wer gemütlich aus dem Fenster zuschaut oder auf der Straße gebannt stehen bleibt, erlebt eine regelrechte Show. Pras-

selnder Regen malt Bilder der Postmoderne. Dann fließt zum Beispiel dunkle Erde in sandige helle Pfützen, so wie ein erdiger Fluss in einen hellfarbenen See mündet oder bunte Farben mischt.

UK Dass Pfützen wahre Künstler:innen sind, zeigen wir noch. Aber schon diese Frühlingsmalerei erinnert an den amerikanischen Maler Jackson Pollock, der in den 1950er-Jahren mit seiner Drip-Painting-Technik – die Kunstszene wird mir dies verzeihen müssen – von den Pfützen abguckte. Er dripte, also tropfte, Farben auf Leinwände, die auf dem Boden lagen. Die Farben flossen ineinander, malten und sprenkelten herrliche Bilder.

SB Künstlerische Freude entsteht auch nachts, wenn Autos über längliche Pfützen fahren und die Reifen das Wasser in Fahrtrichtung »mitnehmen«, es aber anschließend immer wieder zurückfließt – aufgeschäumte Blütenstaubschlieren und Lichtreflexe erzeugen wundersame Anblicke.

Die jungen Wilden des Frühlings sind blühende Bäume. Im April bepudern etwa Ahornbäume die Böden und Gewässer mit gelben Pollen. Der Blütenstaub legt sich wie ein Film aufs Wasser. Im Mai, wenn weitere Blütenpollen durch die Lüfte wehen und absinken, lässt sich in Pfützen »nachlesen«, wie oft es geregnet hat und wie viel. Das verraten trockene Pollenränder, die nach und nach übrig bleiben. Schauen Sie mal, dieses Foto: Es gibt die Reste dreier Nächte mit ein bisschen Niederschlag wieder – markante Spuren, die an austrocknende Seen oder Flüsse erinnern.

UK Der Sommer bringt uns nicht nur die Sonne und ihre Wärme, er bringt die Blumenpfützen. Was die Natur wieder hergibt, bindet sich zu herrlichen Gebinden in den kleinen Wasserkunstwerken. Im Sommer 2022 erlebten wir zu viel Sonne. Immer wieder wurden die kläglichen Wasserüberreste zum »Bild des Tages«. Etwa dies: Unter »Big Ben, big rain« zeigte die Agentur AP eine Spiegelung von einer Frau mit Regenschirm vor dem Londoner Big Ben. Als träumten wir von Mary Poppins, die uns nach wochenlanger Trockenheit Regen zaubert.

SB Sommerpfützen entstehen bei heißem Wetter in Gärten mangels solider Dichtung von Wasserhähnen oder in der Stadt: Dort mehren sie sich zusehends künstlich durch Verwaltungen, die Trinkstellen für durstige Mitmenschen und Tiere einrichten. Oder sie sind Reste von Unwettern, aus denen bei großer Hitze nebelartige Schwaden aufsteigen. Der französische Philosoph und Schriftsteller Albert Camus schriebt dazu einmal: »Le soleil pompait les flaques des dernières averses.« Die Sonne verscheuchte die Pfützen der letzten Regengüsse.

»Auch der schönste Schneemann ist im Frühling eine Pfütze«

Aus der Pfützensuche ergab sich die Spurensuche. Selbst ausgetrocknet sind regelmäßig nass werdende Vertiefungen spannend, weil sie einiges darüber verraten können, was oder wer hier unlängst unterwegs war. Ein Auto, ein Fahrrad, ein Mensch auf großem oder kleinem Fuß, einer mit Straßenschuhen, eine mit Turnschuhen. Was für uns nur ein neugieriges Schauen und

Rätseln ist, kann der Polizei bei Ermittlungen wichtige Aufschlüsse über potenzielle Täter geben.

Nach und nach sah ich Abdrücke von Vögeln, Hundepfoten, Pferdehufen und Paarhufern. Da noch ein richtig schöner Fußabdruck in der Fotosammlung fehlte, versuchte ich an solchen Stellen mein Glück. Doch Steine, Blätter und Zweige verhindern in leicht feuchten Pfützenresten, dass sich selbst starkes Profil sicht- und fotografierbar abzeichnet. Da wächst der Respekt vor der Spurensicherung der Polizei, die aus fast Unsichtbarem etwas herauslesen muss. In einem Mischwald hatte ich mehr Glück, als eine lange und schlammige Lady auftauchte – so bekam ich endlich prächtige Abdrücke vor die Linse.

UK Das Pfützenwunderland vervollständigt sich mit bunten Farben und Gemälden im Herbst…

SB Halt: Der Herbst beginnt schon im Sommer, sobald die Miniermotten den Fingerblättern der Kastanien den Garaus machen. Schon Mitte August fallen sie herab. Bei Trockenheit noch früher, kurz darauf plumpsen die schimmernden Kastanien in die Pfützen unter den Bäumen. Es kullern dann im

Herbst auch Früchte von Ebereschen, Hagebutten, Flechten und Tannenzapfen in nasse Vertiefungen.

Eindrücklich ist das Herbstlaub – original oder im Spiegel. Streicht der Wind über eine Pfütze, macht er im Herbst und Winter aus trockenen Blättern kleine Schiffchen, die Miniwellen auslösen. Markant auch die V-förmigen Wellen, die ein Fahrradreifen verursacht.

Und in den Bergen umgibt sie herbstliches Licht – da rief sogar mein Mann nach Monaten geduldigen Ertragens: »Komm, hier ist eine tolle Pfütze – die musst du im Gegenlicht aufnehmen.« Und kurz vor Abgabe dieses Buchs an den Verlag griff er selbst zur Kamera und sendete ein Foto mit den Worten: »Offenkundig ist das ansteckend. Man könnte auch von pfützenoid sprechen, vielleicht gar von pfytzerisch …«

UK Bei Winterpfützen fragte ich mich, warum diese oft so schwarz wirken. Machen Sie mit mir diesen Versuch: Bringen Sie Schnee zum Schmelzen und gießen Sie dann dieses Schmelzwasser durch einen weißen Papierfilter. Das Papier ist nach dem Filtrieren vor lauter Schmutzteilchen dunkelgrau bis schwarz. Solche schwarzen Schmelzwasserpfützen fand ich an schmelzenden, an der Oberfläche verstaubten Gletschern.

SB Der Winter bringt einen ganz andersartigen Pfützenzauber mit sich – sofern er denn kalt ist. Da glitzern eisige Strukturen über eingefrorenem Herbstlaub oder vereiste Zweige in kaltem Wasser.

Erinnern Sie sich noch, wie Sie früher mit den Fersen die Eisschicht zertraten? Das knackte so schön. Oder wie Sie nicht sahnend durch den Schnee gingen und auf der versteckten Winterpfütze ausrutschten? »Autsch!«, sagte da das Steißbein.

Oder wie Sie mit Ihren Freundinnen und Freunden auf Eispfützen so lange hin und her schlitterten, bis selbst auf der kleinsten Eispfütze eine prima rutschige Bahn entstand? Da wollte man gar nicht mehr heimgehen und Hausaufgaben machen.

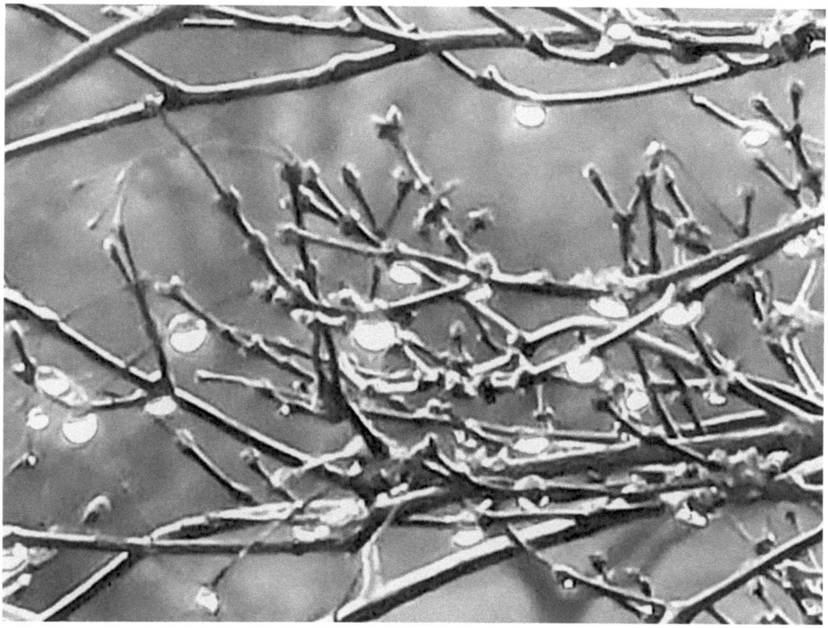

»Auch der schönste Schneemann ist im Frühling eine Pfütze«

Graue Stadt? Von wegen!

Springe in Pfützen, tanze im Regen, klettere auf Bäume,
zähme ein Einhorn, glaube an Wunder, greife nach den Sternen,
folge deinem Herzen, lass dich nicht verbiegen,
sei frech und wild und wunderbar!

ASTRID LINDGREN

SB In Pfützen ergeben sich auch in der Stadt künstliche Lichtspiele – wenn man sie denn wahrnimmt. Platzierung und Ausschnitte ergeben einen Reiz, trotz der Gewöhnlichkeit von Pfützen, selbst wenn einsetzender Regen und Eile, um die Straßenbahn nicht zu verpassen, nur einen kurzen Schnappschuss von Pfützen zwischen den Schienen erlauben.

Die Spiegelungen von Gebäuden und Bäumen in Pfützen können eine wahre Wonne sein. Nicht nur, dass sie den Blick auf andere Perspektiven lenken. Sie lenken auch auf die Schönheit des Augenblicks und die Schönheit von Architektur und Stadtnatur.

Manche Pfütze spiegelt für eine Stadt ganz typische Architektur wider. So kam ich Anfang Mai erstmals in einen der Berliner Höfe, der mir bis dahin unbekannt war. Viele der attraktiven »Hinterhöfe« sind eben keine dunklen Hinterhöfe, sondern um die Jahrhundertwende (vom 19. zum 20. Jahrhundert) gebaute Häuserkomplexe mit mehreren Höfen, im Fall des Hasenheide-Hofes mit vier Höfen, in denen heute wie damals kleinere Betriebe untergebracht sind. Waren es früher wohl eher Handwerker und Manufakturen, sind

es heute vielfach Tanzstudios, Filmgesellschaften, Künstlerateliers oder Beratungsagenturen. Tagsüber wie nachts ergeben sich stimmungsvolle Bilder – und das in einer klitzekleinen Pfütze!

Überdies lässt sich an mancher Pfütze erkennen, in welcher Stadt man gerade ist – oder wo die Pfütze schillert. Markante Beispiele bieten Berlin, Hamburg, Köln oder das italienische Grado oder das ferne Marrakech. Ordnen Sie doch selber einmal.

Und da sind die Straßen – die vielen öden grauen Flächen in der Stadt. Unausweichlich immer vorhanden … Doch plötzlich taucht eine Pfütze auf und mit ihr Licht und Farbe. Es sind nicht die Autos, sondern die Pfützen, die die Straßen beleben! Mit Himmel und Bäumen und den Farben der Umgebung. In dem Moment, als mir das bewusst wird, spricht mich ein junger Mann an und fragt: »Was machst du da?« – »Ich fotografiere Pfützen.« – »Wieso?« – Als ich es ihm erkläre und erläutere, welche Erkenntnis mir gerade kam, schaut er mich mit großen Augen an, blickt auf die einsame bunte Pfütze auf grauer Fläche und ruft: »Cool! Na denne: viel Spaß!«

Selbst Verkehrsschilder geben ihr Bestes …

Manchmal trifft man beim Blick in Pfützen auch auf verwirrende Anblicke – hier beschleicht einen das Gefühl, dass die Häuserzeile umkippt oder Kopf steht.

Oh, diese mystische Tiefe

Durch ein wenig Phantasie wird aus Alltag ein Abenteuer,
aus Sand eine Burg, aus Farbe ein Bild, aus einer Pfütze ein Ozean,
aus Plänen Überraschungen und aus Gewohnheit Leben

KALENDERSPRUCH

UK »Kunst und Pfütze?« Eine mir bekannte Künstlerin und Malerin tippte sich an die Stirn und sagte frei heraus: »Sorry, du hast 'nen Knall.« Ich gebe zu, ich war versucht, ihre Meinung zu teilen. Dann regte sich mein Widerspruch und ich fing an zu recherchieren.

Die Antwort verblüfft nun wohl niemanden mehr. Auch Pfützen in der Kultur haben eine lange Tradition. Die Pfütze fasziniert nicht nur Literat:innen, sondern auch – wie könnte es anders sein – Maler:innen. Monet, Picasso und Jahrhundertkünstler Gerhard Richter, der Meister der verschwommenen Bilder, haben selbstverständlich Pfützen gemalt. Mystisch, geheimnisvoll, tiefgründig.

SB Der berühmte französische Karikaturist Sempé nahm die Pfütze in lustiger Weise in einer fünfteiligen Bilderserie auf die Schippe: Drei Ballettmädchen vollführen elegant und synchron im Tutu mit hochgereckten Näschen und elegant gestreckten Armen einen Sprung auf die linke Seite, dann einen auf die rechte Seite und wieder einen auf die linke Seite … als sie die Ballettschule verlassen, schauen sie verdutzt auf eine breite Pfütze vor dem Eingang – sie könnten sie locker überspringen – aber nein, die drei spazieren fröhlich spritzend hindurch.

Zur besonderen Kunstform erhob der Schweizer Student Cedric die Pfütze. Er legte seiner Dozentin eine ungewöhnliche Abschlussarbeit vor. Im Städtchen Einsiedeln lebe eine 86-jährige Frau, die, man glaubt es kaum, ihr Leben lang Pfützen fotografiert habe! Die habe sie ihm in ihrem improvisierten Fotoarchiv auf ihrem Dachboden gezeigt. Er habe die Frau für eine Ausstellung gewonnen, auf der sie unter Pseudonym im Juli 2022 Bilder ausgestellt habe. Das berichtete er mir, schickte mir ihre Mailadresse und den Flyer der Ausstellung: »Als wäre ich die See«, stand groß darüber. Und dass es einen Spaziergang durch ein Hochmoorgebiet »auf der Suche nach neuen Pfützen« und ein »Gespräch über die Arbeit im Verborgenen und die Wertschätzung des Alltäglichen« gebe. Cedric bekam eine gute Note. Auf mein Nachbohren hin outete er sich als fantasievoller Erfinder. Zwar gebe es die alte Frau, aber sie sei keine Kunstschaffende. Auf die Frage, warum er die Geschichte erfunden und ausgerechnet Pfützen gewählt habe, antwortete er: »Ich wollte etwas sehr Alltägliches in einen künstlerischen Status erheben, ihm Bedeutung geben.«

UK In der Pfützenfotografie sticht ein junger Künstler hervor. Guido Gutiérrez Ruiz ist ein kanadisch-spanischer Fotograf, lebt in Madrid und postet seit 2013 alles, was er mit dem Smartphone in Pfützen einfangen kann. Der New Yorker Times Square, das Kolosseum in Rom oder das Flatiron Building spiegeln sich in kleinen Wasserbildern so perfekt, dass man unsicher wird, was echt und was gespiegelt ist. »Ich schaue mir Dinge gerne aus verschiedenen Blickwinkeln an. Daher gehe ich immer, wenn ich eine Pfütze sehe, ganz nah ran und fotografiere diese Parallelwelt.« Schauen Sie mal den Instagram-Account @guigurui.

SB Als ich nach einigen Monaten meine Erlebnisse und Fotos mit meiner Freundin Maren Polte teilte, Professorin an der Universität der Künste in Bern,

Brandenburger Tor

Foto: Marcello Zerletti

Foto: Philong Sovan

konstatierte sie spontan: »Es ist nicht nur das Phänomen Pfütze an sich, sondern die Darstellung des Phänomens, die das Phänomen ausmacht und bewirkt, dass es attraktiv erscheint.« Beispielhaft wies sie mich auf künstlerische Meisterwerke hin, wie den »Pfützenspringer« des französischen Fotokünstlers und Straßenfotografen Henri Cartier Bresson, oder auf die eindrucksvollen Strukturbilder des Naturfotografen Alfred Ehrhardt aus dem Watt. In der Kunst seien Pfützen vor allem in den 20er-, 50er- und 60er-Jahren des 20. Jahrhunderts immer wieder aufgetaucht.

Die pfützige Wahrnehmung ergriff langsam meine ganze Familie. Als mein Sohn und seine Freundin im September 2022 das Musée Départemental der französischen Stadt Gap besuchten, entdeckten sie, wie weltumspannend das Thema der kleinen Tümpelchen ist. Dort brillierte unsere Hauptdarstellerin im Werk des kambodschanischen Fotokünstlers Philong Sovan »In the City by Night 2010–2020«, dessen Abbildung er uns freundlicherweise erlaubt hat.

Der in Berlin lebende Fotokünstler Marcello Zerletti lichtet ebenfalls Pfützen ab – sei es das Brandenburger Tor mit dramatisch wirkendem Abendhimmel, sei es der Fernsehturm am Alexanderplatz, der wie ein güldener Spargel mit Luftzwiebel wirkt.

Ästhetik pur

Für die Eitelkeit ist selbst die Pfütze ein wohlgefälliger Spiegel

ARTHUR SCHOPENHAUER

UK Susanne und ich lernten beim Fotografieren von Pfützen intuitiv mehr als je im Physikunterricht. Nähert man sich einer Pfütze, spiegelt diese faszinierend alles aus der Umgebung, gerade, kleiner, größer, auf dem Kopf stehend, dunkler, heller und, und, und. Probieren Sie es aus! Wenn ich in flachem Einfallswinkel draufschaue, wird das Licht an der Oberfläche fast total reflektiert, Gegenstände werden verzaubert, zum Beispiel erscheinen schwarze Zweige wie große Zauberfinger. Blicke ich steiler auf die Pfütze, reflektiert sie kaum noch. Die Farben werden blasser, alles verschwindet in einem milchigen Grau. Wird das Licht kaum noch gebrochen, nimmt es die Farbe seiner Umgebung an.

SB Erst der Lichteinfall macht das Antlitz von Pfützen besonders. Eindrücklich zeigen das zweigeteilte Pfützen oder Parallelpfützen. Da wird Fotografieren zum echten Vergnügen – und aus einem simplen Fahrrad geradezu Kunst.

Die Platzierung im Raum verleiht einer Pfütze, je nach Blickwinkel, künstlerische Ästhetik, selbst einer klitzekleinen wie der auf einem Wackerstein aus Basalt.

Überdies spielt der Untergrund eine Rolle. So wirken Metallflächen zum selben Zeitpunkt je nach Lichteinfall verschiedenartig. Sie erstrahlen überraschend geheimnisvoll, wenn plötzlich die Sonne hervorbricht, mit mysteriösen Lichtreflexen, von denen man nicht auf Anhieb errät, dass sie an der Struktur des Metalls liegen, wie bei den Tischen auf der Terrasse des Kommunikationsmuseums in Frankfurt.

Diese Lichtkraft von Wasser macht sich die Filmbranche zunutze: In Spielfilmen werden oft und für ungeschulte Zuschauer:innen nicht wahrnehmbar künstliche Pfützen gemacht, um mehr Licht in den Film zu bringen. Selbst wenn Straßen und Bürgersteige trocken zu sein hätten, setzen Regisseure dieses Stilmittel ein.

UK Die Pfütze braucht jedoch weder noch so gut gemeinte »Lügenbaron-Münchhausen-Geschichten«, noch berühmte Namen, um Kunst zu werden. Sie ist ihre eigene und absolut beeindruckende Darstellerin gehobener Kunst.

In diesen Fällen kann sie für sich sprechen:

Foto: Jonathan O'Leary

Ist das noch Wasser oder schon Pfütze?

Die kleinste Pfütze spiegelt den Himmel

AUS SCHWEDEN

UK Wir Journalistinnen taten uns genauso wie die Expert:innen schwer mit der Abgrenzung. Die Diskussion, wann eine Pfütze zum Wasserloch oder Tümpel wird, ist durchaus Gegenstand wissenschaftlicher Auseinandersetzung. Susanne befasste sich im Austausch mit mir augenzwinkernd mit der Frage.

SB Diese Entdeckung – ein im April noch mit viel Wasser gefüllter alter Nachen dicht an der Oder – schickte ich von einer Radtour an Ursula – und damit war dieses Kapitel geboren als Abschluss unseres Buches.

Wir stießen auf lauter Kuriositäten, bei denen wir uns fragten, ob das noch oder schon oder überhaupt Pfützen sind.

Auf der Suche nach Pfützenfotos aus früheren Jahren stieß ich auf diesen Anblick in einer Ortschaft in Brasilien, wo es noch üblich ist, zu Pferde in die Stadt zu reiten und es »einzuparken« – wo es dann seine eigene Pfütze neben sonstigen Verdauungsresten hinterlässt.

Witzig auch diese regnerische Hinterlassenschaft auf der Alm.

Manch eine Pfütze ist kaum zu erkennen, weil das Licht im »falschen« Winkel draufscheint. Da kann man wunderbar das Spielchen machen: »Ich sehe was, was du nicht siehst.« Nur beim Heranzoomen oder beim Blick aus anderer Perspektive ist die Wasserstelle erkennbar.

Und dann gibt es noch solche kleinen Nasszellen:

Kunststoff ist ebenfalls wasserundurchlässig, jedenfalls solange er neu ist. Und so laden Pflanzkübeluntersetzer logischerweise immer wieder mal Pfützen ein. Nichts Besonderes – und doch kann das reizvoll sein, mit und ohne Baumspiegelung.

Ach ja, und da wären noch die Pilze. Unzählige im Nationalpark Müritz und in den Alpen haben Pfützen auf ihren Hüten. Warum bloß sind viele Pilzarten so geformt, dass Regenwasser nicht abläuft, sondern sich sammelt? Hannes Petrischak hat diese Frage zum ersten Mal gehört und gibt diese Antwort: »Die Pilzhüte öffnen sich im Laufe des Wachstums zu maximaler waagerechter Spreizung, damit die Sporen aus Lamellen oder Röhren nach unten entweichen können. Je älter der Pilz, desto weiter krümmt sich der Hut an den Rändern ein wenig aufwärts. Das führt dazu, dass sich in der Mitte eine Vertiefung bildet. Man könnte interpretieren, dass damit die Feuchtigkeit länger gehalten wird, sodass der Pilz nicht vertrocknet. Andererseits ist zu viel Nässe für Pilze oft ein Problem, weil sie dann verschimmeln. Ich glaube eher nicht, dass es hier einen festen Zusammenhang gibt.«

Auf zum heiteren Rätselraten: Was ist diese Spiegelung auf einem Bahnsteig? Viele Freunde habe ich gefragt nach dem Motto »Ich sehe was, was du nicht siehst« – niemand hat es auf Anhieb erraten … Na wollen Sie auch mal raten? …

Nein, es ist kein Gartenzaun, sondern die Spiegelung der glaslosen Dachkonstruktion des Bahnhofs in Konow.

Was mag sich wohl in dieser ausgetrockneten Pfütze auf dem Tempelhofer Feld schlängeln. Ein dünnes Ästchen? Ein Wurm? Eine Blindschleiche? Ursula errät es nicht … Dann lüpfen wir doch mal den Schleier: Es ist lediglich ein schmaler Schnürsenkel.

Achtung Spoiler: Was ist das, was hier aussieht wie eine Pfütze? Es ist keine, sondern der unter Schilf recht gut getarnte Ausstieg eines Bibers.

Zum Abschluss gibt's noch was zum Schmunzeln und zum Lachen.

Foto: Vanessa Bora

Ist das noch Wasser oder schon Pfütze?

Wenn ich noch einmal anfangen dürfte …, wäre Pfütze eine echte Idee

Unser Körper besteht zu 80 % aus Wasser.
Wir sind also aufrecht stehende Pfützen

KALENDERSPRUCH

UK Wenn Sie sich bis hierher an Pfützen und ihren Bildern erfreut haben, bleibt vielleicht dennoch dieses mulmige Gefühl: Ach herrje, schon wieder was, was bedroht ist – darauf habe ich echt keine Lust. Das verstehen wir total. Und es hilft wenig, in allen Lebensbereichen immer nur mit Katastrophen zu drohen und den Zeigefinger mahnend zu heben. Der Overkill an Dramen stumpft eher ab, als dass er zu sinnvollem Handeln führt.

Versuchen wir uns einfach mal zu besinnen: auf unsere Liebe zur Natur. Ist es nicht regelrecht beglückend, an Pfützen possierliche kleine und große Tiere zu beobachten, Farbspiele zu bewundern oder die große Spritzerei anzufangen? Vielleicht bringt dieses Buch manche Leserinnen und Leser dazu, mit mehr Freude ein wenig achtsamer durch die Welt zu laufen.

In seinem Buch *Lachs im Zweifel* persifliert Douglas Adams die Überzeugung, dass das Universum für die Menschen bestimmt ist: »Stellen Sie sich eine Pfütze vor, die eines Morgens aufwacht und denkt: ›Das ist eine interessante Welt, in der ich mich befinde, ein interessantes Loch, in dem ich mich wiederfinde, passt mir ziemlich gut, nicht wahr? Tatsächlich passt es mir erstaunlich gut, muss dafür gemacht sein, mich darin zu haben!‹«

Dies ist eine starke Idee. Ich stelle mich als Pfütze vor. Ich wäre vergänglich. Aber das bin ich sowieso. Ich würde Menschen verärgern. Das gelingt mir als Mensch auch. Ich wäre schillernd, schmutzig, wandelbar von eiskalt bis sehr warm. In mir würden Licht und Schatten zu wunderbaren Varianten erweckt werden. Ich wäre geheimnisvoll, unentdeckt, verschwiegen und für viele faszinierend. Neugierige Menschlein und Menschen würden sich mir nähern, in vielfältigen Kontakt mit mir treten. Dinge mit mir gemeinsam ausprobieren. An und mit mir viel Spaß haben und Freude und Verrücktheit er- und ausleben. Andere Menschen würden mich meiden, mir ausweichen und schlecht über mich reden. Mit etwas Glück könnte ich diese so richtig nass machen.

Wenn man mir meine natürliche Umgebung ließe, könnte ich Leben geben, Ursprüngliches, dem natürlichen Lebenslauf seit Jahrmillionen angepasst, auf Durchhalten und Überleben geübtes Leben. Dieses mein Leben dürfte in mir wühlen und in meinen Tiefen Nahrung geben und finden. Ich lebte seit Jahrmillionen in einem Kreislauf, der sich nie verändert. Verspielt und zauberhaft an meinen Rändern wie Schmetterlinge und Vögel, die mich das Fliegen lehren, denen ich Nahrung gebe, die mich brauchen auf ihrem Zug um die Erde.

Und dann würde ich friedlich versickern. Ohne Drama, ohne Schmerzen. Mit der Gewissheit, zurückzukommen.

Ein pfützige Dankeschön

UK Wir sagen Danke an die vielen, die mit uns hineingesprungen sind in die Pfützen dieser Welt! Die begeistert beim Entstehen dieses Buches mitgemischt oder über das Thema zu Anfang nur milde gelächelt haben.

Wertvolle Informationen und Anregungen und / oder professionelle Fotos gaben der stets auskunfts- und hilfsbereite Biologe Dr. Hannes Petrischak, der jahrzehntelange Moorschützer Prof. Dr. Michael Succow und seine persönliche Referentin Verena Seitz, der investigative Filmemacher Daniel Harrich, die schwedische Journalistin Ewa Hedlund, der Nationalpark-Ranger Lutz Storm, die Natur- und Amphibienfotografin Farina Graßmann, die Umweltschützerin Erika Blank, der Landschaftsbauer Stephan Praetorius sowie die

Kunsthistorikerin Prof. Dr. Maren Polte, der Essener Fotograf Jochen Tack, der Berliner Fotokünstler Marcello Zerletti, der kambodschanische Fotokünstler Philong Sovan sowie die Schweizer Autorin Corinne Chaponnière.

Tolle Fotoeindrücke oder Geschichten, nützliche Hinweise oder spontane Mitwirkung lieferten Henning und Daniel Bergius, Eva und Robin Kornemann, Jonathan O'Leary, Annette Röhrig, Georg Streiter und Susann von Lojewski sowie (in alphabetischer Reihenfolge) Brigitte, Bruno, Cedric, Claus, Doris, Evi, Hélène, Ina, Manon, Michael, Rosa, Sophie, Susanne, Sylvette … und eine Passantin, die zwar ihren Namen nicht nannte, aber viel Spaß dabei hatte, Susanne beim Pfützenspringen zu fotografieren.

Hingebungsvolle und ausdauernde Pfützenplantscher:innen waren Antonia mit Mama Lisa und Finya mit Opa Horst sowie Donna mit Frauchen Monique, Mona mit Frauchen Vanessa, Uda mit Frauchen Anna sowie alle, die »mal eben so« für uns vor und in Pfützen posierten. Sportlich nahmen es Andreas beim Radfahren, Clément beim Pfützenradelspritzen, Eva beim Wandern, Helga beim Joggen, Micha beim Radwandern …

Besonders danken wir unseren Männern für ihre grenzenlose Geduld, wenn wir wieder mal anhielten und Pfützen umkreisten, und für ihre liebevolle Unterstützung: Heiko fürs kritische Sichten und Lektorieren, Michael fürs Bekochen und Korrekturlesen.

Ein großes Dankeschön geht auch an Clemens Herrmann vom oekom verlag, der so freudig unsere Publikation ins Verlagsprogramm aufgenommen und in allen Dingen sehr kooperativ gewesen ist. Nicht zuletzt danken wir dem Layouter Matthias Reihs, der unsere Vorstellungen umgesetzt und das Buch so schön gestaltet hat.

Pfützenquellen

Diese Publikation beruht neben zahlreichen Gesprächen (siehe Danksagung), eigenen Kenntnissen und Erfahrungen sowie unseren und zugelieferten Fotos auf nachfolgenden Quellen (auf Links erfolgte der Zugriff 2022).

Bücher & Artikel & Fotos & Filme

Bergius, Susanne (2021): Kapitalanlagen können Biodiversität schützen. In: Welternährung. Fachjournal der Welthungerhilfe. 8. 3. 2021. https://www.welthungerhilfe.de/welternaehrung/rubriken/klima-ressourcen/kapitalanlagen-koennen-biodiversitaet-schuetzen/.

Bruns, Katja (2022): Wet Down. In: Lexikon der Filmbegriffe. https://filmlexikon.uni-kiel.de/doku.php/w:wetdown-8784.

Coombes, Allen J. (1992): Laub- und Nadelbäume.

Harlaß, Ralf (k. A.):Verdunstung in bebauten Gebieten. Kurzfassung und Thesen. https://tu-dresden.de/bu/bauingenieurwesen/ressourcen/dateien/postgraduales/pdf/harlass.pdf?lang=de.

Harrich, Daniel (2022): Bis zum letzten Tropfen. ARD-Dokumentation, https://www.ardmediathek.de/video/bis-zum-letzten-tropfen/bis-zum-letzten-tropfen-die-doku/das-erste/.

Geist, Sylvia (2021): unbezahlbar wie Atmen ist. Greifswald Moor Centrum-Schriftenreihe 04/2021. https://greifswaldmoor.de/files/dokumente/GMC%20 Schriften/2021-04_Geist_Lesung.pdf.

Horrenberger, N., mit Tordjman, N. (2022): Amoureux de l'averse – Amphibiens. In: Dossier Enfin la pluie! In: Revue Salamandre Nr. 271, August 2022, S. 40.

Hulverscheidt, Claus (2022): Auf die Nacht folgt die Nacht. In: Süddeutsche Zeitung. 6. 9. 2022.

Kammleiter, Nina (2022): Suhlen, Hecheln, Verkriechen. In: Süddeutsche Zeitung. 20. 7. 2022.

Kühne, A. / Afflerbach, J./Schmidt-Vogt, F. (2022): Unsere Kontinente – Schauplatz der Menschheitsgeschichte. Teil 1 – Europa. ZDF/Arte. Ausgestrahlt am 24. 9. 2022. https://www.arte.tv/de/videos/091174-002-A/unsere-kontinente/.

Matz, G. / Weber, D. (1983): Amphibien und Reptilien. BLV Verlagsgesellschaft München.

Oversohl, Martin / DPA (2022): Wie Pfützen zu Lebensrettern seltener Amphibien werden. In: Südkurier, 10. 10. 2022.

Peitz, Christiane (23.8.2014): Keine Bewegung. Radarturm auf dem Tempelhofer Feld. https://www.tagesspiegel.de/kultur/berliner-tuerme-8-radarturm-auf-dem-tempelhofer-feld-keine-bewegung/10372706.html.

Petrischak, Hannes (2017): Profiteure der sommerlichen Regenmassen: Urzeitkrebse in der Döberitzer Heide. In: Biologie Unserer Zeit. 5/2017 (47). S. 288–289.

Petrischak, Hannes (2019): Expedition Artenvielfalt. oekom verlag, München.

Philong, Sovan (2010): Tom. Siem Reap. Foto der Ausstellung: »In the City by Night 2010-2020«. http://www.pphilong.com/in-the-city-by-night-2010-2020.html.

Preiß, Juliane (2022): Das große Schrumpfen. In: Taz.de 2. 1. 2022. https://taz.de/Moorschutz-in-Niedersachsen/!5822150/.

Robert, Paul (1993): Le Nouverau Petit Robert. Dictionnaires le Robert. Paris.

Sempé (1963): Tout se complique. Edition Denoël, Paris.

Simon, Doris (2022): Klimakrise in den USA. Alaska taut auf. In: Deutschlandfunk/Weltzeit, 25. 10. 2022. https://share.deutschlandradio.de/dlf-audiothek-audio-teilen.html?audio_id=dira_DRK_878da2c6.

Singer, Detlef (2017): Welcher Vogel ist das? Kosmos – Naturführer.

Succow, Michael (ET 2023): Es geht um mehr als nur Naturschutz – inzwischen geht es um die Zukunftsfähigkeit unserer Zivilisation!

Surkes, Sue (2022): Drain the swamp? Israeli startup sees green bonanza in rewilding wetlands instead. In: Times of Israel. 10. 5. 2022 https://www.timesofisrael.com/drain-the-swamp-israeli-startup-sees-green-bonanza-in-rewilding-wetlands-instead/.

Tack, Jochen (2022): Auf dem Trockenen. Bild des Monats. In: Journalist. September 2022, S. 12/13.

Umweltbundesamt (2022): Bodenversiegelung. 17. 1. 2022. https://www.umweltbundesamt.de/daten/flaeche-boden-land-oekosysteme/boden/bodenversiegelung.

Veder, William: Der fruchtbare Moment, in: BZ 25. 8. 20215 https://www.bz-berlin.de/archiv-artikel/der-fruchtbare-moment.

Verbraucherzentrale Nordrhein-Westfalen (2021): Von der Versiegelung zur Entsiegelung. 9. 4. 2021. https://www.abwasser-beratung.nrw/wissen/verbraucherzentrale/von-der-versiegelung-zur-entsiegelung-50358.

Wahrig, Gerhard (1986): Deutsches Wörterbuch, Mosaik Verlag, München.

Wiener, Katrin et al. (Juli 2022): Naturerbe Jahresbericht 2022. Deutsche Bundesstiftung Umwelt. https://www.dbu.de/doiLanding1676.html.

Zarrouk, Diana: Warum viele Pferde Angst vor Pfützen haben … In: Equimondi.de 10. 1. 2017 https://www.equimondi.de/magazin/du-dein-pferd/detailansicht/news///warum-viele-pferde-angst-vor-pfuetzen-haben/.

Zeitz, Jutta / Luthardt, Vera (2021): Moore oder die Wandlung der Sicht auf die Dinge. In: Naturmagazin 2-2021 (Juni – August 2021) http://www.naturundtext.de/naturmagazin/magazine/nm_2_2021.pdf.

Weitere Internetquellen

https://www.aachener-zeitung.de/karlo-clever/in-manchen-pfuetzen-ist-viel-los_aid-55448727

https://www.birdpoty.com/camera-school-1/2019/3/12/10-water-drinking-and-bathing-as-methods-for-improving-photo-opportunities

https://www.equimondi.de/magazin/du-dein-pferd/detailansicht/news///warum-viele-pferde-angst-vor-pfuetzen-haben/

http://www.evang-rosenau.at/was-wir-von-einer-pfuetze-lernen-koennen-predigt-zum-ewigkeitssonntag-2014/

http://www.farbimpulse.de/Schillernder-Schmutz.346.0.html

https://www.fotogalerie-jochentack.de/ (Zugriff 23. 9. 2022)

https://www.fr.de/kultur/literatur/paul-maar-erinnerung-besteht-aus-pfuetzen-90039005.amp.html

https://frag-floh.de/natur/naturphaenomene/warum-bilden-sich-manchmal-blasen-wenn-es-regnet

https://www.geo.de/amp/natur/tierwelt/das-wundersame-leben-im-weiher-30167856.html

https://www.greelane.com/wissenschaft-technologie-mathematik/tiere--natur/why-do-butterflies-gather-around-puddles-1968178/

https://hebrewtoday.com/migration-of-birds-over-israel/

https://hjschlichting.wordpress.com/2020/05/26/reflexionen-in-und-ueber-eine-gewoehnliche-wasserpfuetze/

https://inspirassion.com/de/phrase/pf%C3%BCtze

https://www.kinderfreiland.de/index.php/de/publikationen/fachartikel/leben-in-der-eiswasserpfuetze

https://www.kunstnet.de/kunst/pfütze

https://www.lovelybooks.de/autor/Marliese-Arold/Das-Pfützenungeheuer-1331073310-w/

https://www.media-control.de/spitzenfeder-award-für-»spring-in-eine-pfütze!«-von-viktoria-sarina.html

https://www.merkur.de/politik/katastrophale-zustaende-in-mariupol-menschen-entnehmen-wasser-aus-pfuetzen-91416635.html

Die Autorinnen

Ursula Kosser

Autorin mehrerer Sachbücher, interessiert sich stets für die einfachen Dinge des Lebens. Als sie die Pfütze für sich entdeckte, reagierten die Expert:innen alle ähnlich: Warum erst jetzt? Kosser wurde 1958 in Bonn geboren. Sie hat evangelische Theologie und Geschichte studiert. Als politische Journalistin berichtete Kosser zehn Jahre lang aus dem Bonner Hauptstadtbüro des Nachrichtenmagazins *DER SPIEGEL*. Rund 20 Jahre arbeitete sie als Fernsehjournalistin bei RTL in Bonn und München vor und hinter der Kamera, zuletzt als Chefin vom Dienst. *https://www.ask-a-woman.com/board-members/ursula-kosser/*

Susanne Bergius

ist Diplom-Geographin, war 14 Jahre Auslandskorrespondentin des *Handelsblatts* und arbeitet seit 2004 als selbstständige Journalistin, Buchautorin, Referentin und Dozentin in Berlin. Im *Handelsblatt Business Briefing Nachhaltige Investments* und im *Tagesspiegel Background Sustainable Finance* erläutert sie Leserinnen und Lesern seit Jahren die Zusammenhänge zwischen biologischer Vielfalt, natürlichen Gewässern, menschlichem Wohlergehen und zukunftsfähiger Wirtschaft. Die Mitautorin des *Handbuchs Biodiversität verstehen & Entscheidungsträger*innen informieren* (2021) erhielt mehrere Auszeichnungen. Privat springt sie immer noch gerne in Pfützen, sofern diese nicht voller Leben sind. *https://www.susanne-bergius.de*